王星记扇制作技艺

王星记扇制作技艺

总主编 金兴盛

浙江省非物质文化遗产代表作丛书

浙江摄影出版社

朱显雄 编著

总 序

中共浙江省省委书记
省人大常委会主任 夏宝龙

非物质文化遗产是人类历史文明的宝贵记忆,是民族精神文化的显著标识,也是人民群众非凡创造力的重要结晶。保护和传承好非物质文化遗产,对于建设中华民族共同的精神家园、继承和弘扬中华民族优秀传统文化、实现人类文明延续具有重要意义。

浙江作为华夏文明发祥地之一,人杰地灵,人文荟萃,创造了悠久璀璨的历史文化,既有珍贵的物质文化遗产,也有同样值得珍视的非物质文化遗产。她们博大精深,丰富多彩,形式多样,蔚为壮观,千百年来薪火相传,生生不息。这些非物质文化遗产是浙江源远流长的优秀历史文化的积淀,是浙江人民引以自豪的宝贵文化财富,彰显了浙江地域文化、精神内涵和道德传统,在中华优秀历史文明中熠熠生辉。

人民创造非物质文化遗产,非物质文化遗产属于人民。为传承我们的文化血脉,维护共有的精神家园,造福子孙后代,我们有责任进一步保护好、传承好、弘扬好非物质文化遗产。这不仅是一种文化自觉，是对人民文化创造者的尊重，更是我们必须担当和完成好的历史使命。对我省列入国家级非物质文化遗产保护名录的项目一项一册，编纂"浙江省非物质文化遗产代表作丛书"，就是履行保护传承使命的具体实践，功在当代，惠及后世，有利于群众了解过去，以史为鉴，对优秀传统文化更加自珍、自爱、自觉；有利于我们面向未来，砥砺勇气，以自强不息的精神，加快富民强省的步伐。

党的十七届六中全会指出，要建设优秀传统文化传承体系，维护民族文化基本元素，抓好非物质文化遗产保护传承，共同弘扬中华优秀传统文化，建设中华民族共有的精神家园。这为非物质文化遗产保护工作指明了方向。我们要按照"保护为主、抢救第一、合理利用、传承发展"的方针，继续推动浙江非物质文化遗产保护事业，与社会各方共同努力，传承好、弘扬好我省非物质文化遗产，为增强浙江文化软实力、推动浙江文化大发展大繁荣作出贡献！

（本序是夏宝龙同志任浙江省人民政府省长时所作）

前 言

浙江省文化厅厅长 金兴盛

国务院已先后公布了三批国家级非物质文化遗产名录，我省荣获"三连冠"。国家级非物质文化遗产项目，具有重要的历史、文化、科学价值，具有典型性和代表性，是我们民族文化的基因、民族智慧的象征、民族精神的结晶，是历史文化的活化石，也是人类文化创造力的历史见证和人类文化多样性的生动展现。

为了保护好我省这些珍贵的文化资源，充分展示其独特的魅力，激发全社会参与"非遗"保护的文化自觉，自2007年始，浙江省文化厅、浙江省财政厅联合组织编撰"浙江省非物质文化遗产代表作丛书"。这套以浙江的国家级非物质文化遗产名录项目为内容的大型丛书，为每个"国遗"项目单独设卷，进行生动而全面的介绍，分期分批编撰出版。这套丛书力求体现知识性、可读性和史料性，兼具学术性。通过这一形式，对我省"国遗"项目进行系统的整理和记录，进行普及和宣传；通过这套丛书，可以对我省入选"国遗"的项目有一个透彻的认识和全面的了解。做好优秀传统文化的宣传推广，为弘扬中华优秀传统文化贡献一份力量，这是我们编撰这套丛书的初衷。

地域的文化差异和历史发展进程中的文化变迁，造就了形形色色、别致多样的非物质文化遗产。譬如穿越时空的水乡社戏，流传不绝的绍剧，声声入情的畲族民歌，活灵活现的平阳木偶戏，奇雄慧黠的永康九狮图，淳朴天然的浦江麦秆剪贴，如玉温润的黄岩翻簧竹雕，情深意长的双林绫绢织造技艺，一唱三叹的四明南词，意境悠远的浙派古琴，唯美清扬的临海词调，轻舞飞扬的青田鱼灯，势如奔雷的余杭滚灯，风情浓郁的畲族三月三，岁月留痕的绍兴石桥营造技艺，等等，这些中华文化符号就在我们身边，可以感知，可以赞美，可以惊叹。这些令人叹为观止的丰厚的文化遗产，经历了漫长的岁月，承载着五千年的历史文明，逐渐沉淀成为中华民族的精神性格和气质中不可替代的文化传统，并且深深地融入中华民族的精神血脉之中，积淀并润泽着当代民众和子孙后代的精神家园。

岁月更迭，物换星移。非物质文化遗产的璀璨绚丽，并不意味着它们会永远存在下去。随着经济全球化趋势的加快，非物质文化遗产的生存环境不断受到威胁，许多非物质文化遗产已经斑驳和脆弱，假如这个传承链在某个环节中断，它们也将随风飘逝。尊重历史，珍爱先人的创造，保护好、继承好、弘扬好人民群众的天才创造，传承和发展祖国的优秀文化传统，在今天显得如此迫切，如此重要，如此有意义。

非物质文化遗产所蕴含着的特有的精神价值、思维方式和创造能力，以一种无形的方式承续着中华文化之魂。浙江共有国家级非物质文化遗产项目187项，成为我国非物质文化遗产体系中不可或缺的重要内容。第一批"国遗"44个项目已全部出书；此次编撰出版的第二批"国遗"85个项目，是对原有工作的一种延续，将于2014年初全部出版；我们已部署第三批"国遗"58个项目的编撰出版工作。这项堪称工程浩大的工作，是我省"非遗"保护事业不断向纵深推进的标识之一，也是我省全面推进"国遗"项目保护的重要举措。出版这套丛书，是延续浙江历史人文脉络、推进文化强省建设的需要，也是建设社会主义核心价值体系的需要。

在浙江省委、省政府的高度重视下，我省坚持依法保护和科学保护，长远规划、分步实施，点面结合、讲求实效。以国家级项目保护为重点，以濒危项目保护为优先，以代表性传承人保护为核心，以文化传承发展为目标，采取有力措施，使非物质文化遗产在全社会得到确认、尊重和弘扬。由政府主导的这项宏伟事业，特别需要社会各界的携手参与，尤其需要学术理论界的关心与指导，上下同心，各方协力，共同担负起保护"非遗"的崇高责任。我省"非遗"事业蓬勃开展，呈现出一派兴旺的景象。

"非遗"事业已十年。十年追梦，十年变化，我们从一点一滴做起，一步一个脚印地前行。我省在不断推进"非遗"保护的进程中，守护着历史的光辉。未来十年"非遗"前行路，我们将坚守历史和时代赋予我们的光荣而艰巨的使命，再坚持，再努力，为促进"两富"现代化浙江建设，建设文化强省，续写中华文明的灿烂篇章作出积极贡献！

2013年11月20日

目录

晋惠帝司马衷的太傅丞崔豹在《古今注·舆服》中记载："雉尾扇，起于殷世。"屈指细算，距今已有三千六百年的历史。"周制以为王后、夫人之车服。舆车有窶，即缉雉羽为扇窶，以障翳风尘也。汉朝乘舆服之，后以赐梁孝王。魏晋以来无常，准诸王皆得用之。"此"扇窶"在周朝八百年间，仅限于后宫的王后、夫人（嫔妃）享用。但到了西汉文帝、景帝年间，窦太后将它赐予梁孝王刘武使用，故而到了魏晋时期再无常制，诸王皆获准享用。崔豹又续写道："障扇，长扇也。汉世多豪侠，像雉尾扇而制长扇也。"从以上文字的字里行间，我们读懂了来自两千多年前的社会信息：扇子，起于殷商时期，历经西周、东周，为汉世豪侠所追捧；有过一段从王宫走入王府、走入民间的辉煌史话。

然而，崔豹的这一考据，又有点哗众取宠之嫌。因为另据东晋著名道学家葛洪在《西京杂记》卷一中记载，西汉时期有一位长安巧匠名叫丁缓，他"巧为天下第一"，不仅做出了冬天取暖的"卧褥香炉"，还为夏日降温发明了"七轮扇，连七轮，大皆径丈，相连续，一人运之，满堂寒颤"。这可以算作中国第一台轮扇式空气调节机，可惜后世无人宣传这一划时代的科技成果。

扇子初称"翣"，"翣"字由上"羽"下"妾"两字组合而成，由此可知，扇翣问世时并非用来扇风纳凉，而是一种陈设在女性背后，代表尊卑与等级的车舆仪仗。它由护卫或丫环们高高擎起，为王后、嫔妃的山行障日遮尘，故而扇子又有一个非常形象的别称，叫"障扇"。

自秦汉以来，我国扇子的形制主要有方、圆、六角等造型，面料采用丝织素绢，由于在王宫内先行流传，故名"宫扇"。两汉至隋唐时期，流传于世的扇子主要是羽扇和纨扇（又称"团扇"、"合欢扇"）。

北宋时期，在东汉年间问世的腰扇（折扇）逐渐流行于世。折扇又称

　　"撒扇"、"折叠扇"、"聚头扇"、"蝙蝠扇"，以其收拢时扇子两头合并归一而得名。扇骨有些已采用牛角、玳瑁、象牙、翡翠、湘妃竹、檀香木等珍贵材料，造型有琴式、如意头、竹节式、蚱蜢眼等；扇芯分别由七、九、十二股发展到十八、三十六、五十股以上。进入南宋时期，文人墨客题扇画扇蔚然成风，那些千姿百态的扇子，先是经过能工巧匠的镂、雕、烫、钻，再由名人大师题诗作画，中国扇文化由此凸显出一种独特的艺术价值。

　　到了元明清时期，画扇、卖扇、藏扇之风日渐盛行，在京城与浙、苏、粤、蜀等地出现了许多扇铺、扇庄。

　　南宋年间，杭州制作扇子的店铺大都集中在今天的清泰街与河坊街之间，长达二里，盛况空前，且有宋高宗赵构赐名的扇子巷可以佐证。在杭州扇子巷，王星记扇庄于清光绪元年（1875年）应运而生，凭借其精良做工及独特工艺,在千米长街的众多商铺中脱颖而出。此后,在风风雨雨的一百三十六年岁月中,一代代王星记制扇艺人克勤克俭,坚守传统工艺,采用原生态材料,精心打造各种扇子产品,并在发展中不断积聚起精品佳作。王星记扇子扬名于世,被誉为"中华一绝"、"天下第一扇"。

如今,王星记扇已被列入国家级非物质文化遗产名录。历经数代制扇艺人锲而不舍的传承、创新与发展,王星记终于迎来了又一个明媚的春天。

朱显雄

2011年8月30日

概述

王星记扇庄创建于清光绪元年（一八七五年），发源地在由宋高宗命名的杭州扇子巷。

概述

　　王星记扇庄创建于清光绪元年（1875年），发源地在由宋高宗命名的杭州扇子巷。

　　据《中国实业志·浙江卷》记载，清代"杭城营纸扇者总计约

杭州扇子巷

清末"扇业祖师殿"石匾

扇子巷门牌

清末扇业公所墙界

有五十余家，工人之数达四五千人"。当时，杭州扇坊大多集中于太平坊、官巷口、扇子巷一带。在杭州忠清巷的扇业会馆内，有一座扇业祖师殿，供奉着扇业始祖齐纨。该馆于清光绪十四年（1888年）重建时，刻石捐助的制扇工场计有一百三十九家，而在祖师殿的神位牌上所供奉的有名工匠多达四百六十二人。由此，我们可以想象出当时杭州扇坊的盛况，也可以想象到当年杭州扇业的竞争态势。

当年，有一位出身于三代制扇工匠之家的小伙子，名叫王星斋。他抓住历史机遇，与妻子陈英一起办起了名为"王星记"的夫妻作坊，适时推出了黑纸扇。这一王星记独创的、需经过八十六道工序而成的黑纸扇，运用洒金、泥金、剪贴、书法、绘画等装饰艺术，极大地提高了纸扇的实用性与艺术观赏性。它不仅使王星记扇子成为贡扇，还受到了市井百姓的由衷喜爱。一把扇子，具有生风、蔽日、遮雨三种用途，被坊间口碑誉传为"一把扇子半把伞"。

此后，王星记的第二代传人王子清，子承父业，在传承黑纸扇的基础上，吸收了日本、法国女式扇子的优点，开发了一种绢面檀香扇，以"西泠"、"玉带"、"双峰"等杭州地方名胜来彰显扇子的艺术品位，不仅抵御了日本折扇带来的市场冲击，赢得了国内的大市

"制扇技艺·王星记扇"被列为第一批国家级非物质文化遗产名录

王星记扇业有限公司被商务部认定为第一批"中华老字号"

王星记被国家工商行政管理总局认定为"驰名商标"

王星记被评为"浙江市场最具活力老字号·金牌企业"

场，还远销我国香港及南洋等地。1929年，王子清向中华民国政府注册了"三星"商标，在杭州太平坊开设出四开间的王星记扇庄，并不惜重金大做广告宣传，参与市场竞争，在同年6月举办的第一届西湖博览会上一举获得了（大柄雕刻）金奖。

从黑纸扇、檀香扇、"三星"商标，到西湖博览会金奖，王星记扇业一步一步走来，走得艰难而踏实，走得曲折而辉煌。

此后，经过一代又一代王星记传人的坚守与创新，到了第四代传人孙亚青手中，扇子品种已经达到十九大类、四百多个品种、五千多个花色，年产值突破了两千多万元。王星记扇子不仅走进了全国市场，还走进了2008年北京奥运会、走进了2010年上海世博会，远销四十多个国家和地区。

而今，王星记制扇技艺作为中国传统文化和民间工艺的典型代表，吸引了无数国内外宾客前来参观，还应邀前往法国、西班牙、俄罗斯、希腊、日本、阿曼及我国台湾、香港、澳门等地展示表演。王星

王星记被被为"杭州市国际旅游访问点"

王星记被被为"全国旅游商品定点生产企业"

王星记为2010年上海世博会特许生产商
授权证书

王星记被浙江名牌产品认定委员会认定为"浙江
名牌"

王星记扇艺与白先勇青春版《牡丹亭》结缘赠扇仪式，王星记董事长孙亚青女士将牡丹花扇
赠与白先勇先生

王星记参加2012年浙江·静冈投资贸易洽谈会暨名品展览会

韩国友人到王星记参观学习

西班牙王储夫妇在欣赏孙亚青大师制扇技艺表演

记扇业有限公司已经成为中国传统工艺美术行业中品质领先、销售领先、文化领先的龙头企业，成为最具影响力、最具活力的"中华老字号"标志性企业。

[壹]扇子的起源

1. 远古五明扇。

话说扇子，究其起源，可以追溯至远古时代。

在炎炎夏日，我们的祖先出于障日遮尘、招风拂凉、驱虫赶蚊等需要，随手摘取植物叶子，或采集飞禽羽毛，进行简单的加工制作，便出现了扇子的雏形。由此，古人又称扇子为"障日"。

远古时代的扇子，虽然至今尚未发现实物，但从距今五千多年前浙江钱山漾新石器时代遗址出土的二百多件竹编器物及丝织品、苎麻织品来分析推断，当时出现竹编、苇编的扇子，应该是在情理之中。

西汉辞赋家扬雄认为：扇翣"其制起于轩辕氏。黄帝内传五明扇，王母所遗"，将五明扇的起源往前推至黄帝轩辕氏。崔豹亦在《古今注·舆服》中记载："五明扇，舜所作也。既受尧禅，广开视听，求贤人以自辅，故作五明扇焉。秦汉公卿士大夫皆得用之。"言下之意，在远古时代，帝舜有虞氏接受帝尧陶唐氏的禅让，发明了一种五明扇以纳谏求贤。到了秦汉时期，那种作为帝王后妃出行的仪仗、象征王家威严的扇翣，换成了五明扇的款式，准许公卿士大夫使用，装置在出行的马车上，形如伞盖，既可遮阳蔽雨，又能驱风散热。

根据《中国远古帝王谱》记载，黄帝轩辕氏政权传十五帝，时间约在公元前4513年至前4053年。而帝舜有虞氏政权传二帝，时间约在公元前2127年至前2071年。如果依据扬雄、崔豹所言，那么五明扇问世距今已有六千五百年或四千一百年的历史。

2. 殷商时期雉尾扇。

在殷商时期，殷高宗武丁恢复了前代雉尾扇的仪仗规制。东晋葛洪在《西京杂记》卷一中记载：天子"夏设羽扇，冬设缯（绢）扇"。

长柄扇

当时帝王的仪仗扇——雉尾扇采用五彩的野鸟尾羽做成，一把雉尾扇大约需要八根或十几根雉尾羽编织而成。雉尾扇属于长柄扇，其功能除了招风引凉，更是为了障日遮尘。雉尾扇色彩绚丽，不仅象征着帝王的威仪与高贵，还无意中成为王后、嫔妃出行时的障面工具，故而世人又赋予它"掌扇"与"障扇"等别称。因为雉尾扇是由野鸟羽毛制成，所以《说文解字》曰："扇者，门两旁如羽翼，故从户从羽。"

当时，在帝王辇车上使用的扇翣已经有了采用孔雀羽毛制成的凤翣。晋人王嘉在《拾遗记》卷二中记载：周昭王"二十四年，涂修国献青凤、丹鹊各一雌一雄"。到了盛夏时节，青凤、丹鹊脱换羽毛，周昭王姬瑕派人"聚鹊翅以为扇，缉凤羽以饰车盖"。工匠们收集鹊羽，制成四把羽扇，"一名游飘，二名条翮，三名兮光，四名仄影"。仅从昭王为羽扇题名"游飘"、"条翮"、"兮光"、"仄影"而论，扇子的蔽尘遮日功能已经毋庸置疑。由此，后人又将羽扇称为"鹊扇"。此外，工匠们还采用凤羽制成凤翣装饰于车盖上，彰显帝王车舆的华丽与高贵。

商纣王帝辛无道，周武王姬发灭商，开创了历时八百年的周王朝。周天子为了显示尊卑秩序,对葬礼上使用的翣也制定了严明的礼仪规制,如《周礼·礼器》记载:"天子崩,七月而葬,五重八翣;诸侯五月而葬,三重六翣;大夫三月而葬,再重四翣。"

3. 春秋战国时期羽扇与竹扇。

春秋战国时期,扇子已在社会上流行,当时最为常见的有羽扇和竹扇两种。

（1）羽扇。

从湖北江陵天星观一号楚墓中出土的战国时期木柄羽扇的残件,是我国最早的羽扇实物。另据湖北省文物考古研究所编著的《湖北文物奇观》一书记载,春秋战国时期,楚国的扇子常当作随葬品被置于墓中,有羽扇和竹扇。羽扇分两种,长柄的为长方条木柄,其首端较细,末端较粗。首端由一横木和一条半圆形的竹片组成扇形。扇面由羽毛拼接而成,即羽毛的茎端用丝带缠缚,裹在木柄上,羽毛最前端用竹连接。扇柄漆成黑色,长2.3米。这种长柄扇不是用来自持扇风的。另一种为短柄的羽毛扇,首端斜尖,将羽毛展成扇面,并用细绳或丝绳缠缚牢固。末端为椭圆形,为手拿的扇柄,可以自持使用。其长度一般为20—30厘米。这种短柄羽毛扇已经在中小型楚墓中出土了十余件。

（2）竹扇。

竹扇也称"便面",是一种用细竹篾编制成的呈半圆形的扇子,因其形似单扇门，故又称"户扇"。在江西省靖安县李洲坳的春秋晚期墓中出土了一件被专家称为"便面"的竹编扇子，扇柄不是居中而是偏向一侧，形状有点像现在的菜刀。这把扇子采用精细的竹篾编织而成，保存完好。这也是我国迄今为止出土的时间最早、保存最完好的扇类实物之一。该竹扇柄长37厘米、扇面宽25厘米。

此外，1982年3月在湖北江陵马山砖厂一号战国墓里出土的一把短柄竹扇，据考古发掘的资料分析，这把竹扇长40.8厘米，扇面略近梯形，用极细薄的红、黑两色篾片编成矩形纹，靠近柄的一侧有两个长方形的孔，周边夹以较厚的竹片，纹饰非常规整，是一件制作工艺水平较高的竹编扇子。

（3）扇子进入日常生活。

在春秋战国时期，人们已经非常看重扇子引风招凉、遮尘蔽日的实

羽毛扇

战国便面复制品（民国）

用功能。如《吕氏春秋·有度》记叙："冬不用翣,非爱翣也,清有余也。"而在《太公六韬》中实录的君臣对话:周武王不耻下问,向姜太公请教如何"励军"。姜太公回答:"将冬不服裘,夏不操扇,雨不张盖,名曰礼将。"

"战国七雄"之一的燕国,当时已将扇翣列为日常生活用品。中国古代思想家、儒学创始人孔子在编制《仪礼·既夕礼》时实录:"燕器:杖、笠、翣。"东汉经学大师郑玄为此作出注释:燕器,"燕居安体之器也"。后来,唐太学博士贾公彦又为此作义疏:"杖者所以扶身,笠者所以御暑,翣者所以招凉,而在燕居用之,故云燕居安体之器也。"拐杖是用来支撑身体,斗笠是用来遮蔽炎日,扇翣是用来招风纳凉的,这些都已成为燕国的日常安居用品。

由此可见,在春秋战国时期,夏日招凉采用羽扇、竹扇,已成为当时社会生活的一种趋向。

[贰]扇子的发展

1. 秦汉时期。

秦汉时期,是中国扇子的初兴时期,在扇子的造型、功能、品种、形制等方面都有所发展。

(1)扇子的造型发生变化。

秦汉时期的扇子,将原来偏于一侧的扇柄移位至中间,制成以扇柄为中轴,竹木为框架,左右对称,形似圆月的平面扇子。

这种对称式的平扇出现以后，便成为中国传统扇子的基本形态，盛行两千多年。

（2）扇子的功能渐趋实用。

西汉儒学家董仲舒在其《春秋繁露·卷十三·同类相动》中点评："美事召美类，恶事召恶类，类之相应而起也"；"故以龙致雨，以扇逐暑"。东汉史学家班固写有一首《竹扇》诗曰："供时有度量，异好有团方。来风堪避暑，静夜致清凉。"

可见，扇子在秦汉时期的功能已追求实用性，专为夏季驱暑使用。

（3）扇子的品种更为丰富。

据葛洪《西京杂记》记载，汉成帝刘骜宠爱皇后赵飞燕，除了赐予同心七宝钗、黄金步摇、合欢圆珰、琥珀枕、龟文枕等珍宝之外，还一口气赐予她云母扇、孔雀扇、翠羽扇、九华扇、五明扇。

（4）扇子的形制日趋成熟。

汉代的扇子，主要有方形和圆形两种，也有长圆、葵花、梅花、六角、扁圆等造型。扇柄材料也呈现出多样化，有木、竹、骨等。还采用了流苏、玉器等作为扇垂装饰。而在扇面上，也开始绘有山水花鸟或仕女人物，增添了手用器物的观赏性。

在西汉时期，以绢、绫、罗等丝织品用作扇面的纨扇已经广为流传。纨扇大多采用纤薄的丝绢糊制而成，以素白色为主。当时，齐国（今山东）一带制作的纨扇最为讲究，故而文人墨客常在诗赋中以

"齐纨"作为扇子的代名词。而在杭州扇业界，更是把齐纨拟人化，供奉为"扇业始祖"。汉代纨扇，因形状团圆如月，暗合中国人合欢吉祥之意，故世人亦称作"团扇"、"合欢扇"。又因纨扇最初流行于汉宫嫔妃们手中，故又称作"汉宫扇"。

2. 魏晋南北朝时期。

在魏晋南北朝时期，扇子已经广为使用，并成为一种致富产业。在那个时期，除了纨扇、羽扇、竹扇之外，还出现了廉价实用的蒲葵扇和做工精巧的腰扇（折扇）。

（1）扇子被广泛使用。

扇子在魏晋南北朝时期已经在民间广泛使用，所以何植才能以"织扇为业"。当时的社会现状，我们可以从一些古墓出土的文物中略见一斑：

1958年出土于河南省邓县学庄村西南的南朝贵妇出游画像砖上，四个贵妇中有一个手执一把硕大的团扇。

1964年发掘的新疆吐鲁番阿斯塔那东晋古墓，其墓葬壁画从多方面反映了当时的社会生活面貌。壁画中央绘悬幔，幔下墓主人头戴冠，身着长袍，手执团扇坐在榻上。

1979年发掘于河北省磁县城南的大冢营村北的东魏茹茹公主墓，在墓道、墓门、甬道、墓室的墙壁上都绘有精彩的壁画。画面中除墓主人茹茹公主外，还有六个仕女，手执羽葆、华盖、团扇、杯盏等物，其中的团扇呈长柄长圆形。

（2）纨扇成为工艺品。

在魏晋南北朝时期，纨扇已成为一种工艺品来制作销售。当时的纨扇种类已有罗扇、绢扇、碧纱扇、蝉翼扇之分。纨扇的形态也有了圆形、长圆形、六角形、葵花形、海棠形、梅花形之分。

（3）蒲葵扇开始流行。

在魏晋南北朝时期，除了纨扇、羽扇、竹扇之外，蒲葵扇也开始流行。据《晋书·谢安传》载，谢安有一故乡人，被罢放中宿县，前来辞行。谢安问他如何解决路途费用，那人告知，我有蒲葵扇五万把。谢安当即拿了一把率先使用。一代名相谢安使用蒲葵扇的消息一经传开，京城的朝廷大臣与民间富庶人家立即跟风抢购，那个乡人的五万把蒲葵扇在短时间内倾销一空。

3. 隋唐两宋时期。

（1）扇子展示了唐宋时期的社会风情。

在陕西省礼泉县烟霞乡东坪村的唐昭陵新城长公主墓壁画上所绘的扇子，是至今发现的唐代壁画中最早绘有长柄鸭蛋形扇子的。在陕西省乾县的唐中宗李显的第七女永泰公主李仙蕙墓中的壁画《宫女图》上，在唐女皇武则天的孙子懿德太子李重润墓的墓前室与墓道中保存的壁画《侍女图》、《使女图》上，都展示了唐代的各种扇子。由这些古墓壁画可知，扇子已成为那个时代常用的生活用品。

此外，唐代著名画家张萱的《明皇纳凉图》、《捣练图》，人物画家周昉的《杨妃出浴图》、《簪花仕女图》、《挥扇仕女图》，都用画笔记录了扇子融入宫廷生活的各种景象。而在北宋画家张择端的《清明上河图》中，有八九个人物都手持扇子。这些扇子从种类上来看，可分为团扇、蒲葵扇和羽扇。另在北宋画院待诏苏汉臣的《货郎图》、南宋宫廷画家刘松年的《博古图》等作品中也都绘有使用扇子的人物。

当时，地处北方的辽、金等国，也将扇子融入了日常生活。如被誉为1993年全国考古十大发现之一的河北省宣化县下八里村的辽代张世卿墓的壁画《男女侍图》中，墙面上就挂着一把团扇。又如金代画家张瑀的《文姬归汉图》，其中一个侍人背上插着一把障扇。

（2）杭扇在北宋时期迅速崛起。

从北宋开始，杭州已有许多工匠艺人以制扇为业。到了南宋初期，随着皇室南渡，一批制扇精英会聚都城临安（今杭州），诸多花色扇子先后问世。

据南宋文人吴自牧的《梦粱录·卷一三》记载，南宋都城临安店铺中出售的团扇种类，有细画绢扇、细色纸扇、异色影花扇、细扇、张人画山水扇及漏尘扇柄、梅竹扇面。当时，除了纸扇、羽扇、绸扇、蒲扇、葵扇、棕扇、骨扇、麦秆扇等，还出现了龙皮扇、桃核扇、桐花凤罗扇、雪香扇、绵扇、笋皮扇、油纸扇等新品种。一时间，杭

州成了全国制扇业最为集中的地方，许多配套行业亦应运而生。南宋文学家周密在《武林旧事·小经纪》中记叙：当时在南宋都城临安，社会上已经有一百七十七种"他处所无"的小经纪职业，内中就有"修扇子"一行，它与"扇子作坊"已有明确分工。

（3）扇子已成婚嫁仪式必备品。

值得一提的是，在两宋时期的婚嫁仪式中，扇子已成为必备日用物品。据《梦粱录·嫁娶》记载，举办婚礼的"先三日，男家送催妆花髻、销金盖头、五男二女花扇、花粉盏、洗项、画彩钱果之类，女家答以金银双胜御、罗花幞头、绿袍、靴笏等物"。到了婚仪时，还要使用一种障扇来迎亲，障扇即长柄仪仗扇。

4. 元明清时期。

在元明清时期，扇子盛行于世，百花齐放。蜀扇、金陵扇、姑苏扇、杭扇都曾名扬全国，它们的艺术风格和制作手法各具特色，代表了当时的最高水平。

（1）追新求异达到巅峰。

元明清时期，制扇业竞争激烈，追新求异达到巅峰。如明代中期，宫廷中所用的折扇，合竹骨二十余，粘以蓝纱，贴以大片箔金，再以木柄承之，时人称为"金扇"或"金折扇"。

当时，皇家收到的新品贡扇层出不穷。明代书画家汪砢玉编撰的一套书画专著《珊瑚网》卷二二《严氏书品册叶目》中就曾记录

"双金银铰川扇、墩扇、襄扇、倭扇、团扇、戈折扇、玳牙诸香扇，共一万七千六百余柄"进贡于朝廷内府。

清康熙帝的内阁中书刘廷玑在其《在园杂志·卷四》中也曾详细记载了当年各地贡扇备极奇巧的奢靡状况：（扇子）"至本朝三百余年，日盛一日，其扇骨有用象牙者、玳瑁者、檀香者、沉香者、棕竹者、各种木者，罗甸者、雕漆者、漆上洒金退光洋漆者，有镂空边骨内藏极小牙牌三十二者，有镂空通身填以异香者。扇头钉铰眼钱，有镶嵌象牙、金银、玳瑁、玛瑙、蜜蜡、各种异香者，且有空圆钉铰，内藏极小骰子者，刻各种花样，备极奇

年代	便面	团扇		
春秋战国				
秦汉				
三国				
晋南北朝		羽扇		
隋唐五代	折扇 羽扇			
宋	折扇 羽扇		安	
元	折扇			
明	折扇			
清	折扇			

中国历代扇子演变示意图

巧，甚有仿拟燕尾，更有藏钉铰于内而外无痕迹者。其便面有白纸三矾者，有五色缤纷者，有糊香涂面者，有捶金者、洒金者。命名不一：其骨多而轻细者，名曰春扇、秋扇；以香涂面者，曰香扇；可藏于靴中以事行旅者，曰靴扇；更有以各色漏地纱为面，可以隔扇窥人者，曰瞧郎扇……制样各别，因地因人得名者，曰黄扇、川扇、曹扇、潘扇、青阳扇……若古之纨扇、羽扇、蒲葵扇亦间有用之者，不甚多也。"

（2）羽扇依然是宝贝。

在元明清时期，羽扇依然被当作宝贝。明代大画家文徵明的曾孙、中书舍人文震亨在天启年间编撰了《长物志》十二卷，其中记载："羽扇最古，然得古团扇雕漆柄为之乃佳。他如竹篾、纸糊、竹根、紫檀柄者，俱俗。"

浙江湖州是羽毛扇的主要产地，在清雍正朝编撰的《浙江通志·物产·毛扇》中记载："今湖城人制鹅毛扇，颇可却暑。其柄即将羽管劈丝编织，大抵皆用鹅羽。其贵重者用鹤羽，饰柄用玛瑙、檀香，拣铜丝为钉铰。其价有至数金者。"

清代画家董棨以百幅《太平欢乐图》描绘了江南风土人情，其中有一幅挑着扇担售卖羽扇的图画，附注一段文字曰："以雀翅为扇，见于《拾遗记》；以凤翼为扇，见于谢氏《戊辰钞》；以鹤翼为扇，见于《赋序》；以白鹭翅为扇，见于《南史》。以鹅毛为扇，可却暑，贵重者，用鹤翅为饰。"可见当时社会上流行的羽扇有许多品

雕刻扇骨　　　　　　　　　　　　雕刻扇骨局部

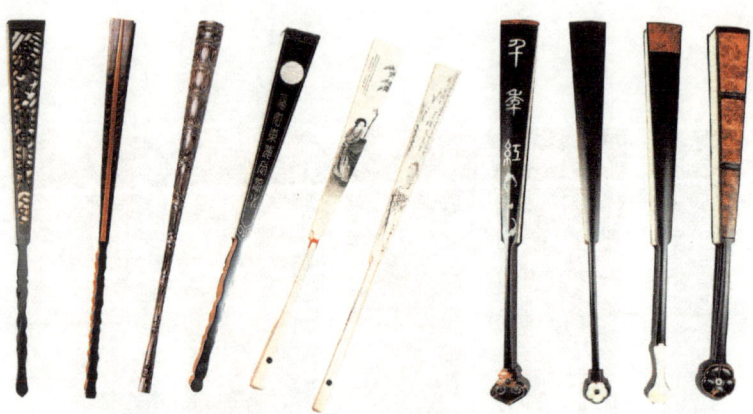

各式扇骨

扇骨局部

种，并以羽毛采集自何种鸟类来区分贵贱。

（3）制扇技艺百花齐放。

在元明清时期，制扇技艺可以用"百花齐放"来一言概之。

扇骨：明清时期的扇骨，在用竹方面，包容了天下所有的竹子品种，如斑竹、棕竹、湘妃竹、梅鹿竹、凤眼竹、芝麻竹、佛肚竹等。在木质方面，最初使用松木、桧木，到后来紫檀、檀香、乌木、黄杨、楠木、鸡翅木等都可做成扇骨；此外，象牙、兽骨、牛角、玳瑁、贝玉、金、银、铜等也都用在了扇骨上。而在制作方面，明清制骨采用了一种特制的火漆。火漆其实是一种植物胶，把它涂在扇骨材质上，用火慢慢烘烤，使材质充分吸收，从而变得紧密、润滑、古朴，久不变形。扇骨款式

团扇扇骨

扇面

也是层出不穷，仅扇聚头处的形状就有古方、小圆头、玛瑙头、玉兰头、燕尾、葫芦、八卦、梅花、尖根方、垂露、橄榄、茄头、白果头、云头、花瓶、金鱼等不同名目，约百余种。典型的扇骨，有直式方根、和尚头、古方、茄头、如意头、燕尾、翻轮、尖根方、半圆、一根葱、挑灯方、玛瑙琴、拱轮、马镫方、金鱼头等。

扇面：明清时期，扇面纸的使用有了更多选择。扇面不外于纸、绢两种。扇面用纸，有金笺、素笺、瓷青纸等种类。

明代金笺，有块金和满金两种，行家往往称"明金"。明金色泽偏红，但很红、发红的并不都是明金。明代泥金扇，有金色偏黄的一种，如吉林省博物馆所藏的唐寅《西竹图》扇，上面有文徵明题诗，就是正黄色。这类扇面的制作工艺和配料都非常讲究，一直保存至今，鲜有金色转黑或残损，且不易虫蛀，这一点清代制品往往做不到。明代的洒金工艺已经很成熟，明金选用大片洒金者少，而用细密的小片洒金，配以吴门画派惯施的小青绿山水，十分雅致。清康熙以前的泥金笺，以成色及制作上来看，完全与明末无二。但在乾隆年间所制的泥金笺，金色发红已不再成为时尚。清咸丰以后，泥金笺又逐渐在文人间流行，而且此时泥金品种更多，相继出现的有黄中带青的全冷泥金笺、半冷泥金笺、明亮清冷的清明冷金笺等。

素笺即白扇面，其历史与金笺一样长。今北京故宫博物院藏有明宣德年间的御笔《松下读书图》素面扇。明代素面，以苏州制老矾面为佳，其特点是纸色纯正而细洁。素面制作的关键是纸面的胶矾，这层胶矾使宣纸产生近似半吸水的效果。明代施矾工艺已十分成熟，故矾面细润。清代则往往加入过多的云母粉，以乾隆年间的制品为甚。特点是纸面平整反光，亮白如镜，书画甚宜。清初制扇面，通常是两面层两里层，这种制法一直使用到清末。

除了金笺与素笺，最常见的两种扇面纸是黑纸与瓷青纸，还有珊瑚红、虎皮笺、蜡光笺、湖色笺等。

此外，杭扇中还有一种发笺扇面，是采用胎儿的头发为原料，在裱糊扇面时，将胎发均匀地散布在扇面的夹层中，这样能够增强扇面的牢度。扇子在收折或打开时会有一定的拉力度，采用这种扇面，裥道不易爆裂。发笺扇面始于清康熙乾隆年间至清末民国初，可惜其工艺现已失传。

扇钉：是折扇的一个重要组成部分。扇子的开合完全靠扇钉将大小扇骨聚拢。扇钉有着画龙点睛之效，它的讲究与否，直接影响着整个折扇的外观和质量。

扇坠：主要用于团扇，但明代折扇也用扇坠。扇坠材料虽然也有竹、木等较普通之物，但以汉玉、琥珀、水晶、伽楠、象牙、犀牛角、沉香等为贵。扇坠大多雕刻双鱼、婴戏、蜻蜓等，采用丝线穿合系于扇柄，可以多块组合，十分好看。

扇囊：亦称"扇袋"。起于何时已无从查考，百姓大多使用锦绣、缂丝及打籽、纳棉、戳纱、衣线、盘金、锁针、挑花、新金、抽纱等制作成扇

团扇扇袋

老红木雕花扇盒

绣花折扇扇袋

纸质扇袋

囊，用以置放折扇。扇囊与剑鞘、剑囊不同，并不佩带于身上。

扇盒：收藏扇子需要器物，于是各种储放团扇、折扇的扇盒便应运而生。扇盒用纸、木均可制作，纸盒大多裱以丝织锦缎或蓝毛布；木盒则有黄花梨、鸡翅木和紫檀等。有的盒子盖上镶有骨牙珠宝，有的还配置夹架固定陈设。一个扇盒，放置一扇至十二扇不等。

（4）精品扇凸显收藏价值。

在元明清时期，随着扇面文化的百花齐放，越发彰显出精品佳扇收藏的艺术价值。"明末四公子"之一的陈贞慧，博学娴文，有扇癖。他热衷于收藏沈周、祝枝山、文徵明、唐寅等独具匠心、题诗绘画于扇面的那些书画扇。明朝的权臣严嵩被抄家时，仅各种名贵扇子就被搜出三万余把，可见其贪墨之巨。乾隆

折扇收藏箱

纸制扇盒

清—民国　市玉骨字画扇　300mm　王震绘

清—民国　全棕骨书画扇　320mm　冯超然绘

清—民国　矾面筷子边字画扇　330mm　吴昌硕绘

清—民国　市玉骨字画扇《果蔬图》　310mm　蔡铣绘　陈子清书

苏绣象牙柄纨扇

皇帝也喜好收藏扇子,《石渠宝笈》中所著录的明人折扇集册便多达四十三种,折扇扇面有七百八十六幅。当时,富绅墨客收藏名家扇子,已成为一种时尚。

[叁]中外扇子交流史

据史料考证,在唐宋时期,中国团扇已开始传至日本、高丽。到了明永乐年间,由于皇帝朱棣的喜好与推广,始于东汉年间的腰扇(折扇)得到了充分发展,并逐渐走出国门,走入葡萄牙、法国、英国等欧洲国家。

1. 中国团扇流传日本。

中国团扇是在隋唐交替之际,由日本的遣隋、遣唐使团传入日

漆骨画扇（西班牙）

本。最初仅限于宫廷贵族使用，不久人们就开始因地制材，进行仿制。由此，中国团扇在日本迅速推广开来。至江户时期（1603—1867年），日本都市居民使用团扇已经十分普遍。随着夏季祭祀和盂兰盆节的兴盛，团扇已成为日本女子晚间乘凉不可缺少的佩带物，还相继出现了银制团扇和绸制团扇。

2. 中国扇子流传欧洲。

1450年，一批奉教皇亚历山大六世之命前往远东地区传播福音的葡萄牙教士，将几箱中国扇子带回葡萄牙首都里斯本。从此，这些来自东方文明古国的扇子便正式在西方世界落了户。

大约到了16世纪初叶，扇骨密集、双面贴纸的中国折扇已经由欧洲商船经印度流入欧洲，在宫廷和仕女界大受青睐。一些欧洲国家

花边折扇（西班牙）

开始竞相仿制，在葡萄牙、西班牙，因为缺乏优质纸张，便以细嫩的牛犊皮、羊羔皮作为扇面，称为"皮折扇"。有的还在扇面上洒以香水，称为"香皮折扇"。

17世纪中叶，清康熙帝赠送给法国国王路易十四大量扇子。精美细巧的中国扇子使法国的皇帝和贵族们惊为神物，认为这是"魔术家的玩具"。后来，法国国王路易十四、路易十五相继派商船来华，大量进口扇子，并下令商人学习制扇技艺，转授于法国工匠。在法国国王的大力倡导下，中国扇子成为巴黎凡尔赛宫贵妇们手中的一种装饰品。

18世纪，法国大量进口中国的竹骨，在巴黎组装、生产折扇，使巴黎成为欧洲制扇工艺的中心。法国仿制的折扇，扇面用中国绢绸和牛犊皮制成，以象牙、珍珠、贝壳、玳瑁、椴木等名贵材料作为扇

海贝壳双面金银漆骨折扇（法国）

金银漆骨扇（日本）

骨，其上面镂雕着十分精巧的涡旋纹、玫瑰花等欧洲洛可可风格的
图案；扇面以羊羔皮、纸、雏鸡皮、中国的绢和纱等制成，饰以彩绘、
刺绣、珠绣等。从此，这种装饰豪华、风格秀丽的仿制折扇风靡于
法国上流社会，故法国作家伏尔泰曾说："不拿扇子的女士，犹如不
佩剑的男子。"

　　中国扇子传入英国是在17世纪末。在中国折扇的影响下，英国
折扇业逐渐兴盛起来。1709年4月19日，在英国女王安妮的批准下，
二百多名伦敦折扇制作大师成立了同业公会。至1747年，伦敦折扇同
业公会的成员已达到八百三十九名。当时，扇子在上流社会妇女中
颇为流行。

王星记扇的渊源与沿革

杭扇作坊，大都集中在今天的清泰街与河坊街之间，长达二里，盛况空前。为此，宋高宗赵构还赐名「扇子巷」以记。

王星记扇的渊源与沿革

[壹]王星记扇的渊源

1. 杭扇缘起。

（1）杭州纨扇，绫绢自产。

杭州自古有"丝绸之府"的美称。据南宋《咸淳临安志》记载，当年杭产丝绸有绫、罗、锦、光丝、杜绾、鹿胎、苎丝、纱、绢、绵、纳等十一种。从近年来出土的一批唐代纨扇来考证，扇面大都采用唐绫制作；而昔日杭扇的宫团扇和绢竹扇等纨扇扇面全都采用杭州自产的绫、绢等丝织物。

油画《百年王星记·古城杭扇情》　高而颐绘

（2）杭州折扇，纸质领先。

杭州在历史上，除了能够出产高品质的绫、绢之外，还能出产好纸。公元105年，富阳就成为历史上著名的造纸之乡。到了两宋时期，杭州的造纸产地进一步扩大，余杭拳村的藤纸十分有名，睦州（今淳安）的竹纸，富阳的小井纸、赤亭纸，临安的蠲纸，钱塘的油纸，都跻身于古代的名纸行列。

此外，富阳、於潜一带还出产一种桑皮纸，质地绵韧，不易断裂，宜作扇面，它正是杭扇中的黑纸扇与白纸扇的主要原材料。

（3）杭扇扇骨，就地取材。

杭扇扇骨采用的材料，虽然有象牙、玳瑁、檀香木、乌木等数十种，但最普遍的却是竹材。竹材柔软而富有弹性，摇动时骨柔风轻，具有一种"清风徐来"的韵味。色泽若玉，使用越久越滋润的品性与低廉的价格，使制成的扇子经济实用，受到了各阶层人士的欢迎。

杭扇采用的竹材，大多取自临安和安吉，两地相距杭州市不过几十公里，采集运输十分方便。

（4）杭州折扇，独树一帜。

明永乐年间，皇帝朱棣喜好折扇的"舒卷之便"，诏谕各地制扇工匠制造折叠扇。杭州的制扇工匠谨遵圣旨，结合本地出产的竹材与纸质的特点，融入雕刻、书画、镶嵌、剪贴等艺术，使之成为实用性与鉴赏性巧妙相结合的扇子工艺品。其时，杭州折扇的高档扇

骨还采用花斑美丽的湘妃竹和棕竹，并雕刻白描的诗词书画。扇柄还串系着玉坠或五彩流苏，扇面题绘名家墨宝，使杭扇佳作不断出新，名扬天下。

2. 杭扇传承。

（1）钱塘自古繁华。

据史载，在唐宋时期，杭州的手工业就已区分为官营、私营两大系统。

私营手工业，当首推杭州的丝绸业，织物以五彩多变、手感光滑、色泽亮丽而名满天下，史称"唐绫"。从近年出土的一批唐代纨扇来看，其扇面大都采用唐绫制成。

官营手工业，是由朝廷的少府监和将作监掌管，监下设署，署下设作坊，规模很大，分工亦细。除了修建宫殿、坛庙、官署等土木工程之外，还负责监制一系列做工精良的工艺器皿、四季服饰及生活用品，其中包括陶瓷与扇子。"官窑"与"贡扇"二词正是由此而来。

现代人恐怕很难相信，南宋定都临安（今杭州），一把扇子曾在当时形成了一道点缀都城繁荣、粉饰太平的文化风景线。

据宋元年间著名史学家马端临在《文献通考》中记载，当年专管皇帝日常用品生产的少府监下设五大院，临安文思院是少府监中最大的一院，在今杭州仙林桥附近，下辖扇子作等三十余家作坊。

后来，不少专业作坊聚集在一起，形成一种规模经营。如杭扇作坊，大都集中在今天的清泰街与河坊街之间，长达二里，盛况空前。为此，宋高宗赵构还赐名"扇子巷"以记。

南宋定都临安，宫廷画院随之迁移杭州，一大批画师也来到这座自古繁华的三吴都会。杭扇扇面，不经意间成为了那些宫廷画师与文人墨客的用武之地。

如南宋杰出画家马远创作的《竹涧焚香图》扇面，人物有二：一焚香静坐，神气宁谧；一侍童立后，一手搔头，神态绝妙。这虽然是一幅绘在扇面上的小景，但远山近水，硬石疏竹，处处可以看出马远富有诗意的绘画风格。

又如南宋宁宗年间名满中日的大书法家、画院待诏梁楷创作的《三高游赏图》，虽是纨扇作品，但用笔简练飘逸，用色十分淡雅，人物面部表情非常细致，其身上衣履以寥寥数笔绘成，显得迅捷有力。

另据邓椿的《画继》卷六记载，当年有一位画家刘宗道，京师人，"每作一扇，必画数百本，然后出货，即日流布。实恐他人传模之先也"。

（2）功夫在"雅"上。

在明清时期，杭扇以精湛的工艺、高雅的情趣，走入帝王将相、平民百姓的日常生活中。杭州雅扇与杭产丝绸、龙井茶并称为"杭城三绝"而名扬天下。

纵观宋史、明史，杭扇异军突起，迈入名扇行列，全靠它的制扇技

艺独领风骚。首先,杭扇将折扇的单面贴纸改为双面贴纸;其次,杭扇大幅度增加扇骨,采用三十六骨(茄),也有多达五十骨(茄)以上的。这种双面贴纸、扇骨细密的杭扇,较之日本扇、高丽扇更为坚固耐用,华美典雅。

杭扇制作的工艺流程:先将竹骨用手工削成,付之磨光、雕刻、上漆、贴金、穿孔、钉眼等多道工序,然后用桃花纸糊成扇面,折叠阴干,最后依扇骨大小插入扇面,黏合而成。杭扇的扇柄与扇骨,除了采用竹材之外,还选用象牙、玳瑁、檀香木、乌木等珍稀材料,有的还饰以髹漆,镶嵌螺钿,五彩斑斓,极其高雅。

杭扇品种齐全,既有画面、素面之分,又有男用、女用之别。男用扇大多采用水磨骨市矾扇面,竹纹赏心悦目,纹路细丽挺秀,扇面质感素洁,便于题字作画。女用扇大多采用薄若蝉翼的丝绢,有的还施以彩绘,十分艳丽雅致。

一句话,杭扇制作,功夫花在"雅"字上。如扇头样式,有大小平头、玉兰头、燕尾头、马元头、银杏头、枇杷头等近百种之多;固定扇头的钉铰,虽然小如豆粒,也采用牛角及金、银、铜材;扇坠用料,除了金、玉、象牙,还选用精雕细镂的橄榄核或桃核,令人赞叹。而扇套上的刺绣简洁亮丽,充分凸显杭州丝绸的无限魅力。

(3)芳风馆扇庄。

当年,杭州制扇业蓬勃发展,出现了大量集作坊、匠人、商铺于一体的扇庄，它们因花样翻新、做工精巧而享誉盛名，独步天下。

清代早期，杭州有一家芳风馆扇庄，世代以制作、销售折扇为业，并以此发家致富。对此，清代文人范祖述在《杭俗遗风·驰名类》中记载：当年杭州"扇店推芳风馆为首，其余则张子元、顾升泰、朱敏时等"。

清康熙年间，内阁中书、浙江观察副使刘廷玑在其《在园杂志》中也曾记录了他对芳风馆的观感："询及主人制扇之法，乃出一扇，曰百骨扇，传已数世矣。数之，果有百骨。初不以骨多而厚大，其色古润苍细，洵旧物也。据云：'今亦不能仿造，即强造亦不佳矣。'此予生平一见者。"

扇骨（茄）多达百根，却一点也不显得厚大，可见其制扇技艺之精。

（4）舒莲记扇庄。

清代末期，杭州城中最有名的扇庄要数坐落于太平坊的舒莲记。

舒莲记扇庄所制作的杭州折扇，扇骨精工细磨，称为"水磨骨"。更有舒莲记的创始人舒莲卿，日坐店堂，亲自接客，来客若对舒莲记扇子有所不满，均可任意选择调换。他见王星斋后来居上，在北京开设扇庄，产品受到达官贵人的欢迎，就利用舒莲记老字号、名气大、资金雄厚等优势，一面利用老关系户，控制杭州几家著名的制扇作坊，以保持其杭州名扇的垄断地位，一面和清廷权贵们拉关系，以赢取皇家官府的支持。

为此，舒莲卿还大兴土木，在家中修建了桂花厅和鸳鸯楼，经常宴请当地名流。并于清光绪三十年（1904年）捐银千两，买了一个道台官衔，进一步结交官府买办。

由此，官府所需杭州扇子几乎都为舒莲记一手垄断。同时，舒莲卿还特别喜欢与文人交往，所制扇面常请名人题诗作画，使其扇子入市时价值倍增。

（5）杭扇的衰落。

很可惜，无论是独步天下的芳风馆，还是捐银买官的舒莲记，都没有将杭扇的制扇技艺传承下来。

据民国初年编写的《中国实业志》记载，在清代晚期，"杭城营纸扇者，总计约有五十余家，工人之数达四五千人"。到了民国初年，杭州制扇业仍具一定规模，杭扇作坊仍保持有五十余家，大多开设在太平坊、扇子巷、官巷口一带，制扇艺人尚有一千余人，每年制扇总值约有一百三十万元至一百四十万元。其中折扇年产约二十余万把，宫团扇年产约四万把，葵扇年产四万把左右。因为当时民间已广泛流行一种麦秆扇，而日本半机械化生产的扇子也开始倾销中国，再加上湖南产的白纸扇进行低价竞销，致使杭扇一蹶不振，许多制扇工场或扇庄逐渐转行，改营绸厂与袜厂，杭扇工匠也都不得不改行织绸织袜。能够勉强支撑下来的舒莲记、张子元、王星斋、林芳儿、大兴金、傅静记、徐大兴、章聚昌等扇庄，连同中小制扇工场在内，只剩下二三十家。特别是民国十六年（1927年），因舒莲卿故世，子女们争夺家产，致使杭城久负盛名的舒莲记扇庄迅速败落，直至关门歇业。

[贰]王星记扇的沿革

1. 父子创业（1875—1929年）。

（1）王星斋推出黑纸扇。

王星记扇子的创始人名叫王星斋（1850—1909），祖籍浙江绍兴县，世居杭州，出身于三代扇业工匠之家。王星斋的祖父和父亲都是制作杭扇的高手，他自幼跟从父亲学习制扇技艺，苦心钻研，深得家传，加上心灵手巧，年仅二十岁便已成为杭城扇业中的砂磨能手。砂磨是制扇过程中一项至关重要的工序，包括刮扇骨、揉骨、提楞、开纸口、上蜡等。一把扇子有了好扇骨、好扇面，还仅仅只算是一个扇坯。而在扇坯阶段发生的病疵缺憾，一旦经过高手砂磨，就能及时予以矫正，提高这把扇子的等级与实用价值。杭州制扇业中的老板或作坊主，十有八九是砂磨工出身。王星斋二十岁成为砂磨能手，也就等于具备了独立创业的基本条件。

王星斋学艺出徒之后，在杭州三圣桥河下的钱部记扇子作坊打工。当时，在钱部记扇子作坊附近的周叶闻弄，有一个名叫陈益斋的制扇工匠，也开了一家专营贴花工艺的制扇作坊，专为当时闻名江南、也是杭州最大的扇庄舒莲记加工制作高级泥金花扇。陈益斋看

到王星斋年纪轻轻就掌握了一门制扇绝艺，人不仅聪明能干，而且忠厚老实，心中十分喜爱，招其为婿，将大女儿陈英许配给他。陈英天生聪明，从小就跟随父亲学习制作扇面的手艺，尤其擅长泥金花扇的贴花洒金。王星斋与陈英这一对各怀制扇绝技的男女高手结合，可谓珠联璧合。

王星斋在岳父陈益斋的帮助下，于清光绪元年（1875年）在杭州扇子巷创办了一家夫妻制扇工场。夫妻二人谨记"精工出细活，料好夺天工"的祖训，在杭产油扇的基础上创新推出了黑纸扇。

黑纸扇的扇面纸，王星斋首选临安於潜出产的桑皮纸。该纸讲究到要用桃花盛开时的雨水制作，外加诸暨的高山柿漆、福建的建煤炭黑，将其染成黑色。黑纸扇的扇骨，王星斋选用广西桂林地区出产的棕竹，讲究到必须选用立冬后砍伐的竹子（不容易长蛀虫）；制作时，将棕竹的边皮削成扇骨后，经过数十遍的削刮、砂磨，讲究到采用中药材木芨草来打磨，最后再打上川蜡。

一把黑纸扇，必须经过大大小小八十六道工序制成，再在库房内放置半年或一年不等，待柿漆气味彻底蒸发了，才准许上市出售。这种色泽乌黑的黑纸扇，扇骨细密，展之形如半月，扇面坚如皮革。不仅具有招凉、遮日、蔽雨三大实际效用，还可以经受烈日烤、冷水浸、沸水煮等三大破坏性测试，取出晾干后，依然不折不裂，平整如初，深受老百姓的喜爱，故有"一把扇子半把伞"之称。

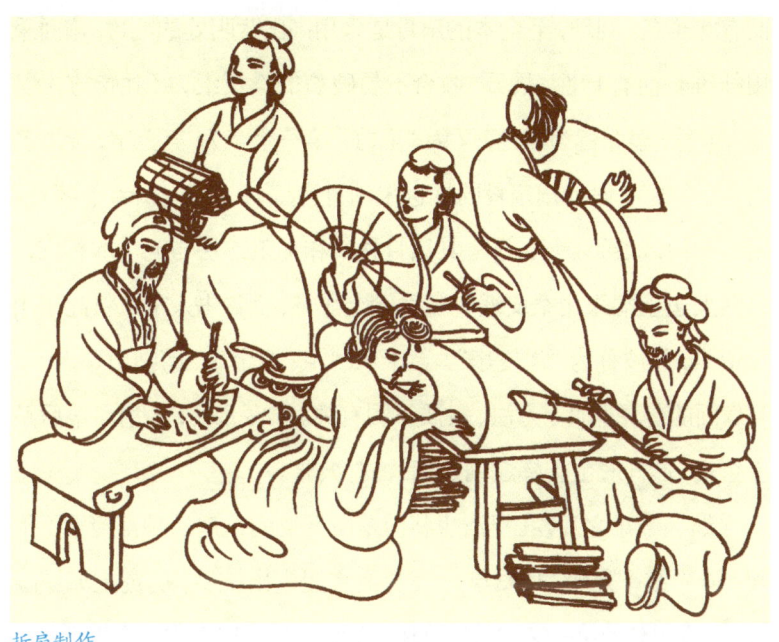

折扇制作

　　在此基础上，王星斋还邀请知名的雕刻大师在扇子大柄及扇骨上雕琢各种图案、字画，一些高档扇子还镶嵌金银丝或螺钿。

　　此黑纸扇，扇骨大柄多采用竹材的自然纹理，朴实而美丽，且摇在手中富有弹性。到后来，它又被王星斋不断创新，细分出数十个品种，有全棕扇、棕玉扇、毛全本、马元扇、洋皮扇及双回泥、泥金扇、剪贴扇等。所谓"全棕扇"，是用棕竹制作扇骨的扇子。扇骨大柄采用棕竹、骨芯采用毛竹竹青制成的叫"棕玉扇"；棕玉扇之"玉"，来自毛竹竹青，经水磨法加工后，细腻光滑，色泽呈玉色，故

而有此雅名。同理，毛全本的扇骨是采用高山背阴处的毛竹，扇面采用纤维长而有韧性，展开、收合不易破裂的桑皮纸，经独特方法制成。扇骨、扇面皆为黑色，又因"毛竹"第一个字为"毛"字，遂取名为"毛全本"。马元扇扇骨同样也采用竹青，扇头圆形，状若荸荠，因用于佛门，故称"马元扇"。其扇骨材料和加工方法与毛全本相同，只因大边上端采用桑皮纸包敷后涂上黑漆，而说书人常常将此扇用作道具，又被称为"洋皮扇"。至于双回泥、泥金扇、剪贴扇等，大多与扇面的色泽、加工方法、材质不同有关。如泥金扇，系扇面裱后贴上金箔，展开时金碧辉煌，收合后古朴典雅。

继黑纸扇之后，王星斋也将前辈所开发的杭扇品种都传承了下来。清光绪十九年（1893年），王星斋大胆走出杭城，挺进上海城隍庙，开设出外埠第一家季节性扇庄。夫妇俩精工细作的泥金花式扇，受到了晚清官员与文人墨客的喜爱。不久，陈英又创新了真泥金满斗花色扇，因其光鲜艳丽，独具风格而成为贡品。

由此，王星斋扇子名声渐隆，京、津、沪一带的客商纷纷登门求货，产品一时供不应求。王星斋开始雇工招徒，扩大生产，其扇子作坊很快发展成为一个中型规模的制扇工场。到了清光绪二十七年（1901年），王星斋挺进北京，在京城的杨梅竹斜街开设扇庄，取名"王星斋扇庄"。随后又陆续在上海、天津、沈阳、济南、成都等地开设扇庄的分号。

为了满足市场需求，王星斋除了在制扇工艺上精益求精，还在经营管理上下足功夫。一在用工方面：他们减少长期雇工，想出了面向农村收购扇骨、扇坯等原始材料的管理办法，质量要求高的扇子留给自己的工人加工，质量要求偏低的扇子则转手外包给其他同行。二在成品扇方面：除了自己的工场出品之外，还通过发料加工、预付货款、收购成品或半成品等方式组织生产。三在品牌方面：外发收购的成品中，凡质量好的，就加上自己的牌号出售；质量稍差的，就转卖给中小城市的零售店，但不准挂王星斋的牌号。

通过上述方式，王星斋扇庄异军突起，迅速掌控了杭州一部分中小扇子作坊，与老字号舒莲记、张子元扇庄并驾齐驱，成为杭州扇业的三大名庄之一。

王星斋扇庄兴起之时，正值舒莲记、张子元扇庄的鼎盛时期。王星斋大胆改变杭扇的经营思路，有意避开高级花扇、白纸扇的激烈竞争，一心一意推出面向社会大众的黑纸扇。对于王星斋来说，他不承想到这一把"为求生存而创新"的黑纸扇，后来竟成为王星记传统名扇中的一档大宗产品。不久，黑纸扇就与高级花扇、白纸扇并称为杭扇"三绝"。

（2）"三星"商标创品牌。

清宣统元年（1909年），正当王星斋准备在京城大展宏图之时，由于积劳成疾，不幸去世。当时，其子王子清只有十一岁。妻子陈英去北京料理丈夫的后事，并带着年幼的王子清拜访了北京荣宝斋、天津华锦成等老主顾，请求他们给予帮忙。四年后，王子清十五岁，在母亲陈英的精心培养下开始接管扇庄业务。

民国初期，是杭扇历史上最不景气的一段时期。在精品扇子销量锐减、日本扇子大肆倾销、湖南扇子压价销售等三重困境之下，王子清不得不在北平东安市场开出一家小小的王星记绸庄，惨淡度日，谨慎思考：杭扇出路，路在何方？

王星斋之子王子清一家人合影

1929年，杭州举办首届西湖博览会。远在北平的王子清认准了这是一个可以让王星斋扇庄咸鱼翻身的大好机会，他赶紧返回杭州，做出了一系列的商业布局。首先，王子清在杭州太平坊大街舒莲记扇庄的正对面开出了四开间的新扇庄，为了规避父亲之讳，该扇庄被冠以"王星记"字号。1929年，为树立扇子品牌形象，他以"三星牌"商标向政府有关部门进行了注册登记。他打破了旧式石库门店铺的格局，在新扇庄装潢了玻璃柜台、玻璃大橱窗等，还在门面上安装了彩色霓虹灯。此外，王子清不惜重金大做广告，利用报纸、杂志、日历、电影、幻灯以及公共场所进行王星记的商业广告宣传。

在首届西湖博览会上，王子清精心挑选了王星记的各档扇子参与艺术馆的商品竞赛，编印了王星记扇庄的名扇品种价目专册，广为散发，大事宣传，还雇用数名外语翻译，专门招待外国使团和海外商人，并邀请他们来王星记扇庄参观。

因此，在首届西湖博览会上，虽然老字号舒莲记扇子获得了特等奖，王星记仅以扇柄竹雕获得一等奖，但由于王子清的商业营销策略大获成功，反而使王星记扇庄的名声更甚于舒莲记扇庄。在召开博览会期间，王星记扇子被抢购一空，还接到了国外大商行的两年订货单。外销业务由此进入王子清的视野，王星记的"三星"牌扇子走向了国际大市场。

自此，王星记取代舒莲记，一跃而成为杭州最大的扇庄。

2. 风雨飘摇（1937—1957年）

王星记虽然全盘继承了杭扇的传统制扇技艺，一跃而成为杭扇的标志性企业。但1937年7月7日"卢沟桥事变"后，日寇铁蹄踏遍大江南北，杭州很快沦陷。王星记不得不将制扇工场迁至绍兴柯桥，而后将门市部迁往上海九江路，挂牌为杭州王星记扇庄上海总发行所。不久，王子清花重金购得南京东路727号的黄金地段，开设了上海王星记扇庄。为了打开市场局面，王子清悉心调研上海市场及社会各阶层的用扇情况，适时开发了以檀香木为原材料的檀香绢面扇，绘以西湖风景，并以西湖名胜"西泠"、"玉带"、"双峰"为名，一时间产品畅销上海滩，拉动了国内外的销售业务。除了檀香绢面扇之外，王星记还不断推陈出新，创制了白骨绢扇、乌竹绢扇和戏曲舞蹈用扇、名人书画雕刻扇等，采取薄利多销的方式争抢扇子市场。

1944年，王星记出品各类扇子一万四千四百把，并在《浙江商务报》上打出"品质兼优、式样新颖、中国第一、历史悠久、环球驰名"的商业广告，从而确立了"天下第一扇"的地位。当时，王星记扇子的扇骨已有象牙、玳瑁、檀香、乌木、紫檀、湘妃竹、水磨竹、桃丝、珊瑚、虎皮等十四种，制作扇面的桑皮纸产于於潜，丝绢产于湖州，柿漆产于诸暨，竹骨产于天目，宣纸产于安徽泾县，只有金银锡箔产于本地。经过长期发展，王星记扇子日见精致，成为当

20世纪40年代王星记扇庄广告, 背景为西博会桥

时国内质量最好的精品扇。1945年抗日战争胜利后, 京剧大师梅兰芳演出《贵妃醉酒》时用的象牙泥金花扇就出自陈英之手。著名越剧演员袁雪芬在演出《梁山伯与祝英台》时, 使用的也是王星记制作的素骨泥金扇。

1948年, 社会局势激烈动荡, 王子清无心经营, 携资远赴香港、美国, 将其杭州扇庄、上海南京路门市部均委托次子陈鹏飞掌管。

1956年"公私合营", 当时王星记商店仅剩五人, 王星记扇业也仅留下了一个白纸扇加工小组。

20世纪50年代王星记扇庄广告

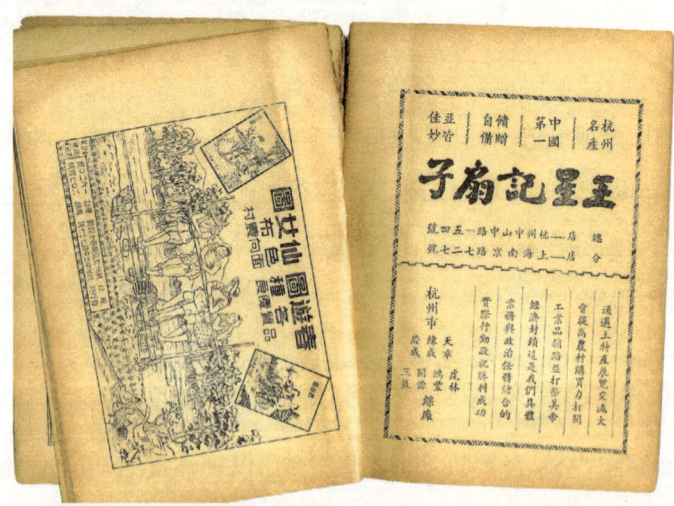

王星记广告

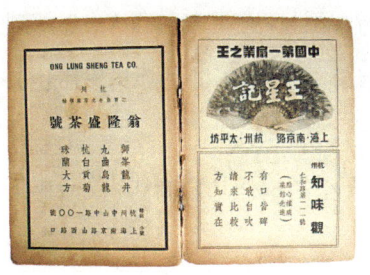

王星记广告

1951年,《杭州》(附嘉湖宁绍)中的王星记扇子广告,有"杭州扇子名驰中外,向称中国第一"之语

3. 第二个春天(1958—1966年)。

(1)阳光总在风雨后。

1958年4月,杭州市人民政府决定重建王星记扇厂,恢复杭扇生产,形成批量,并启用了"三星"注册商标。叶瑞源同志出任厂长。

王星记在建厂初期,职工仅五人。政府及时作出决策,将社会上闲散的制扇老艺人、老工匠请回来。王星记在杭州、绍兴、常州等地聘请了一大批制扇老艺人与老工人,还适时招聘了一批青年工人。至年底,全厂职工达到九十四人,当年就生产杭扇四十八万余把。

这时,杭州的商业中心已经转移到湖滨一带。扇子巷附近的中山中路、清河坊顾客流量日渐稀少,于是王星记选址在湖滨开设门市

部。湖滨饭店底层原有一家西泠礼品社，从业人员四人，全部划入扇厂，成立了王星记扇厂第一门市部。当时，还把付静记扇庄也并入王星记。

从此，杭州城内数百年来的大小制扇作坊及商店，仅留存下一家杭州王星记扇厂。

1959年9月，王星记扇厂年生产杭扇一百三十万把，品种增至十五种，产值七十一万四千九百元。1960年，杭州王星记扇厂由义井巷迁至马市街，此年生产杭扇二百零三万把，品种达二十一种，恢复了已停产多年的全棕四十筘黑纸扇、全棕五十筘黑纸扇、真金象牙扇、男式檀香扇、湘妃骨边、梅鹿骨边、高级白纸扇等工艺扇的生产。1963年，王星记扇厂在职员工增至一百二十五人，下设黑纸扇、檀香扇、裱拓、串扇、书画、乌竹扇、团扇、糊画、包装等九个班组。各班组皆拥有优秀的技术骨干，还培养了一批刻花、拉花、书画等方面的年轻艺人。在产品质量上，精益求精，注重发挥王星记的传统优势。如黑纸扇精磨细作，复染复漆，检验该扇子使用了浸水、煮沸等手段，原先四小时，如今延长至十小时。檀香扇的品种不断增加，质量也逐年提高。此外，还开发出了香木扇、孔雀羽毛扇及各种戏曲道具扇。

在这一时期，王星记扇厂充分依靠老艺人、老工匠的骨干作用，传帮带出了一批制扇新艺人及新工人。当年返聘回厂的老艺人、老工匠有不少已经年逾花甲，厂里根据他们的特长，合理安排工作，还请他们自己制定生产计划、操作规程、质量标准等，使这些老人当家做主，责任心大大增强，在提高王星记扇子质量、增加品种方面作出了诸多贡献。

此外，厂里还根据老艺人、老工匠的年龄与身体状况，在生活上给予多方面照顾。如对住家离厂较远的老人，尽可能让他们住进厂里来；在中午开饭时，专门开设老人窗口。老人有喜欢喝早茶的生活习惯，厂里就组织早茶会，给了他们一个工余休息场所。"三年自然灾害"期间，厂里有一批老艺人经浙江省政府批准，享受特殊待遇，每月发放高档香烟、豆制品、黄豆、粮票、食糖等。

值得一提的是，王星记在1958年4月恢复建厂前，仅为一家小小门店，所售扇子大都是从广州、苏州、常州等地采购而来。但不到数年时间，就已发展成为全国制扇行业中品种最多、规格最齐的龙头企业，年均生产杭扇二百多万把，花色品种达到三百八十余种。

1966年，杭州市手工业局更名为"杭州市二轻局"，王星记扇厂上升为市二轻局的直属企业，新厂址由马市街迁至解放路，生产经营规模进一步扩大。

（2）以老带新，重振杭扇。

回顾王星记从1958年至1966年的这一段发展历程，天时、地利、人和，以人和为贵。扇厂领导积极依靠老艺人，认真培养新艺人，使传统的王星记制扇技艺充分地得到了传承与发展。

我们无法忘怀那些对传承王星记及杭扇制扇技艺有过奉献的老艺人。他们是扇面书法艺人蒋鹿洲，扇面画师任祖培，杭画开拓者李忠海，真金工笔扇面画老艺人徐维良，扇骨雕刻艺人白仁海，高档宣纸扇面艺人韩阿华、盛香华，檀香扇制作老艺人王产生、王朝全、李有生、余林华，黑纸扇制作老艺人王雄飞、盛志力等。

还有许多王星记的老艺人、老工匠都值得我们深深怀念。正是他们，赋予了王星记第二个春天。

4. 十年（1966—1976年）。

（1）浩劫：王星记更名"杭州东风扇厂"。

1966年5月16日，"文化大革命"开始，王星记的中高档扇子，包括名人书画扇，统统被称为"封资修"的东西，一律下柜、不准销售。紧接着，凡库存的檀香扇、高档黑纸扇、白纸扇、名人书画扇，还有各种采用名贵材料制作的扇骨，都被当众烧毁。凝聚了几代王星记制扇工人智慧的杭扇精品难逃厄运，历代珍藏的一批湘妃竹、梅鹿竹、方竹、象牙、玳瑁等高档扇骨从此不知去向。

据1967年的一次厂内处理报损扇子，绘有"黛玉葬花"、"梅鹊"、"西湖名胜"、"木兰从军"等扇面的白纸扇一下子就报废了六万余把。更让人心寒的是，身怀绝技的杭扇老艺人，星聚又星散，制扇技艺复又荒废，制扇工厂的百余人仅生产一种最简单不过的白纸扇，工厂出现了连续亏损两年的局面。

一场文化浩劫铺天盖地袭来。杭州王星记扇厂无奈地更名为"杭州东风扇厂"。1968年5月，杭州市革委会批准"三结合"的杭州东风扇厂革委会在浙江美术学院礼堂宣告成立，原书记兼厂长叶瑞源担任厂革委会主任。两个月后，扇厂恢复生产。国家轻工业部、浙江省革委会准许扇厂进口檀香木、象牙等原材料，银行也对扇厂恢复了金银原料的供应。

1969年，王星记开发出一种铁皮折扇，当年就接了日本三百万把的合同订单，利润丰厚。此扇产销量最高的年份，是五百万把的外销订单。这种铁皮折扇在国内上市后也是供不应求，扇厂的湖滨门市部每天限量供应，早晨四五点钟就有人前来排队买扇子。

（2）恢复生产。

1972年2月26日，周恩来总理陪同尼克松总统来杭访问，王星记扇子被当作传统文化的使者，向远道而来的美国总统展现了中国历史的璀璨一面。

这一年，扇厂恢复了黑纸扇、檀香扇和乌竹扇的生产。国家计委、轻工业部下达基建项目，同意扇厂扩建厂房5000平方米。浙江省政府接待办公室也与省二轻厅在西湖国宾馆联合设置了"尼克松参观杭州扇子的展品橱窗"，一百多把各种类型的精品杭扇陈列其中，有潘天寿绘画的扇子，有张宗祥、沙孟海题字的扇子，有唐云、

陆抑非绘画的扇子，有王星记的蒋鹿洲书写的纯金蝇头小楷唐诗扇。另外，还有以"友谊第一、比赛第二"为命题的檀香扇，它记载了那一段"乒乓球开启中美外交之路"的真实历史。展品中，除了成品扇子，还有一批采用象牙、水磨竹骨、湘妃竹、梅鹿竹等原材料制成的杭扇扇骨。

1973年，杭州东风扇厂更名为"杭州扇厂"，从此一心一意生产各种杭扇产品。一大批来自北京、上海、南京及杭州本地的著名书法家、画家恢复了与杭州扇厂的联系，名人书画扇重新回到了扇厂门市部与高档宾馆的小卖部。翌年，杭扇生产达到六百九十九万五千一百把，产值一百六十三万两千四百元。竹骨扇、檀香扇、香木扇、铁皮轻便扇和塑料轻便扇均有出口，外汇收入达到三十六万元。

5. 大步前进（1977—1999年）。

"文化大革命"结束后，随着中国社会政治、经济大环境的彻底改变，王星记扇厂也迈入了改革开放的新时期。

1977年，杭州扇厂恢复为国字号的"杭州王星记扇厂"，当年就生产杭扇六百十四万把，产值一百五十八万元，出口创汇五十五万元。此时，扇子品种已有黑纸扇、白纸扇、檀香扇、香木扇、团扇、乌竹扇、绸舞扇、全绸扇、铁皮轻便扇、塑料轻便扇等多种类型，花色品种亦大大超过了"文化大革命"前的最高水平，王星记扇子的质量与社会信誉得到进一步提高。

1979年，"三星"牌黑纸扇荣获轻工业部颁发的"优质产品"证书。

1980年，柬埔寨元首西哈努克亲王来到王星记参观，亲笔题词："该厂生产的扇子件件都是真正的艺术珍品。"

1981年，在全国扇子质量评比中，王星记黑纸扇获全国同类产品第一名；同年，王星记"三星"牌黑纸扇在第一届中国工艺美术"百花奖"评比中获得银杯奖。

1982年5月，朱念慈的《唐诗万字扇》真金微楷黑纸扇，在新中国首次参加的美国田纳西州诺克斯维尔世博会上引起轰动，吸引了世界传媒的眼球。

1983年，朱念慈的《唐诗绝句千首》真金微楷黑纸扇参加在香港举办的王星记扇展，又一次轰动海内外，荣获中国工艺美术品"百花奖"创作设计一等奖。

但是，从1983年开始，随着电扇、空调走进千家万户，国际市场对扇子的需求量锐减。当时，国内的扇子销售渠道尚未形成，预计年产值和利润将比1982年分别下降四分之一和三分之一。王星记扇子又一次面临生存危机。时任王星记扇厂副厂长的俞剑明挺身而出，出任王星记扇厂厂长，与杭州市工艺美术工业公司签订了为期一年的承包合同，这是全国第一张厂长承包责任书。

　　在这一年承包期中，俞剑明厂长首先增设了扇厂第二门市部，开放了个体有证商贩的批购业务和代销业务，扩大了自销产品的市场范围。继而，调整扇子的产品结构，以需定产，压缩滞销的轻便扇生产，增加了国内需要的白纸扇品种。另外，还设立了扇子研究所，设计试制了全新结构的自开扇、小型摆设扇、工艺套扇、大型屏风扇、帽扇，恢复了折叠扇中的高档工艺扇，增加新的花色品种四百五十余种。

王星记扇厂年度欢庆活动

王星记扇积极参加各种展会

王星记扇在日本

王星记举办员工技艺比赛

　　与此同时，王星记扇厂与中国文化艺术有限公司、浙江省工艺美术进出口公司一起，在香港举办杭州王星记扇子展销会，展出扇子十五大类五百多个品种，顿时轰动了整个香港，被香港《大公报》、《文汇报》誉为"不可多得的艺术珍品"。王星记的首次赴港独家开展，不仅扩大了社会影响，推销了自己，也开拓了市场。

　　王星记扇厂作为全国首个厂长责任制试行单位，承包合同的兑现出现了一点困难。1984年3月31日，杭州市委通过新华社浙江分社向中央作了反映。时任总书记胡耀邦同志连夜作出重要批示，要求以支持改革的精神处理此事。

　　1984年4月7日，浙江省人民大会堂隆重举行杭州王星记扇厂1983年承包合同兑现大会，吴敏达、厉德馨、王维澄、钟伯熙、张浚生、杨招棣等浙江省、杭州市领导出席了大会。在欢快的乐曲声中，当俞剑明和扇厂职工代表上台领奖时，全场掌声雷动，为党中央、浙江省委和杭州市委支持改革的行动叫好。王星记扇厂从改革中走出困境，从开放中获得振兴。

　　1985年，杭州王星记扇厂新大楼正式落成，成为全国最大的扇子综合生产企业，年产扇子达六百二十万把，产品有十五大类、四百多个品种、三千多个花色，远销三十多个国家和地区。接待外宾的人次及荣誉，与杭州都锦生丝织厂并列第二名。

　　从1986年至1999年这十多年间，王星记在盛志力、俞剑明、宋冰

20世纪90年代，杭州王星记扇厂搬迁至望江门外直街5号

等历届厂长的带领下，取得了较大发展，各种荣誉纷至沓来。

但是，改革开放也是一把双刃剑。在市场经济的大潮中，坚守传统纯手工的制扇企业面临着生存危机。一把黑纸扇，八十六道工序，生产周期长，产品利润薄，经济效益低，与其他高科技含量的电信电子行业相比，毫无抗衡能力。再加上大量客户与人才不断流失，到了后来，黑纸扇制作的八十六道工序竟出现了无人管理的状况。有不少传统产品开始失传，如孔雀羽毛扇、羽毛扇、宫团扇、木版水印名人扇、剪纸贴金全棕黑纸扇等，连中高档的布矾宣纸扇面亦已基本失传。

1994年1月30日，天工艺苑的一场大火，无情地烧毁了王星记的全部厂房和库存原材料，致使企业雪上加霜，陷入濒危状态。

6. 继往开来（2000年至今）。

（1）王星记扇列入国家级非物质文化遗产名录。

面对潮涨潮落、千变万化的商品社会，坚守传统纯手工制扇技艺的王星记，究竟还能不能再创辉煌？

2000年，王星记大胆引进股份制改革，成立了杭州王星记扇业有限公司，实施了以产权为核心的体制改革和市场化运作的机制改革。

王星记檀香扇的第四代传人孙亚青成为"中华老字号"王星记的新一代掌门人。

在新公司成立之后，孙亚青董事长选择了产品出新、经营出新、

杭州王星记扇业有限公司成立

2001年，因城建拓宽马路，杭州王星记扇业有限公司从望江门外直街5号搬迁至婺江路37号

文化出新等三个"出新"，认真探索王星记的传承之道及发展之路。

①产品出新。恢复王星记传承杭扇的特色技艺，在扇面装饰上突出扇文化的历史内涵，使扇子品质更上一层楼。从2000年至2010年间，王星记设计、创作的精品扇子，连年获得国家级的金、银大奖。孙亚青还传承了王星记第二代传人王子清的经营谋略，紧紧抓住2008年北京奥运会、2010年上海世博会的机遇，将王星记扇子的新品开发与两大国际赛事、国际展览会有机结合起来，在扇子张合、图形变化上及时加入了奥运会、世博会元素，使人耳目一新。

此外，王星记还开发了与女士服饰时尚相配套的绢扇系列，开发了古色古香的男士红木扇系列，使这些新产品的功能从传统的日用品、艺术品领域延伸到服饰品领域。

近十年间，王星记把功夫花在"产品出新"上，尤其注重产品开发的时尚元素，每年的新产品开发及花色更新，均占总产量的百分之三十。王星记扇至今已发展为十八个大类、四百多个品种、五千多个花色。

②经营出新。新的扇业公司充分依托"中华老字号"王星记的历

2005年，因钱江新城建设，杭州王星记扇业有限公司搬迁至凯旋路70号

史文化背景，在专卖店和大商场进行制扇绘画表演，以历史悠久的中国扇文化来积极引导消费。同时，公司还实施了商标经营的企业战略，利用王星记的品牌及产品、王星记的经营及管理模式，与社会上的民间资本相结合，开拓发展王星记的连锁门店、专卖店，从而使品牌价值迅速提升。

此外，公司还积极利用互联网、电子商务，架构起新的销售渠道，使产品远销美、日、英、法、韩等四十多个国家和地区。王星记真正成为了中国扇子行业中的经营领跑者。

③文化出新。近年来，王星记人才辈出，涌现出一批省、市级工艺美术大师、高级工艺美术师。王星记的制扇艺人们，多次受到各级政府部门的邀请，代表中国民间工艺远赴西班牙、韩国、法国、希腊、日本、阿曼等国家和中国的台湾、澳门地区，进行扇面艺术表演和文化交流。

2008年，"制扇技艺·王星记扇"被正式列入国家级非物质文化遗产名录。一家"中华老字号"制扇企业，谱写出了新的一页。

（2）王星记再创辉煌。

自2000年王星记扇业有限公司成立以来，公司产品不断创新，获得了一百五十六个省级以上金、银、铜奖。现摘录代表性奖项如下：

2000年：全棕真金微楷黑纸扇《论语》、檀香扇《西湖全图》、仿古绢扇《百鸟朝凤》分别荣获首届中国工艺美术大师作品暨工艺美术精品博览会金奖、银奖及优秀创作奖。

2001年：全棕真金彩绘黑纸扇《群仙祝寿图》、全棕真金彩绘小楷《西湖景点故事》、全棕彩绘黑纸扇《幽禽感秋花畔啼》分别荣获第二届中国工艺美术大师作品暨工艺美术精品博览会金奖、银奖及优秀作品奖。

2002年：全棕真金彩绘小楷《西湖景点故事》荣获浙江省旅游纪念品设计大赛金奖；全棕真金《南宋风俗图》、《西湖览胜图》分别荣获浙江省旅游纪念品设计大赛银奖。

2003年：全棕真金《雷峰夕照》、全棕真金微楷《道德经》、全棕真金《兰亭八景》、全棕真金微楷《孙子兵法》分别荣获第四届中国工艺美术大师作品暨工艺美术精品博览会金奖、银奖、铜奖和优秀作品奖；全棕真金《兰亭八景》、檀香宫扇《西湖明珠》被评为第二届浙江省工艺美术精品奖。

2004年：全棕真金微楷黑纸扇《钱塘诗画》荣获第五届中国工艺美术大帅作品暨工艺美术精品博览会银奖，"金凤凰"原创旅游、工艺设计大奖赛银奖；黑纸全棕真金小楷彩《西湖龙井茶》、全棕真金黑纸扇《西湖天下景》分别荣获第五届中国工艺美术大师作品暨工艺美术精品博览会优秀创作奖。

2005年：全棕真金黑纸扇《三百六十行》、工笔绘画白纸扇《四季花卉》分别荣获国际（杭州）民间手工艺品展览会金奖、银奖；全棕黑纸扇《五福临门》荣获第三届中国（杭州）国际旅游休闲商品博览会金奖、第六届中国工艺美术大师作品暨工艺美术精品博览会银奖；全棕彩绘《中国京剧脸谱》、微楷白纸扇《孟子》分别荣获第六届中国工艺美术大师作品暨工艺美术精品博览会金奖、铜奖。

2006年：乌木四格彩绘《春夏秋冬》荣获第四届中国（杭州）国际旅游休闲商品博览会金奖；乌木雕边彩绘《百乐图》、绢本团扇《五子祈福》分别荣获第七届中国工艺美术大师作品暨工艺美术精品博览会银奖、铜奖；白纸扇《北京欢迎你》、魔术扇《变脸》、白纸扇《双龙戏珠》分别荣获中国人文奥运旅游纪念品设计大赛"最具人文特色"金奖、"最具艺术风格"金奖、"最具中国特色"金奖。

2007年：金笺套扇《佛缘》、全棕黑纸扇《三国演义》、檀香扇《双塔辉映》分别荣获第八届中国工艺美术大师作品暨工艺美术精品博览会金奖、银奖、优秀作品奖。

2008年：白纸矾面扇《国色天香》、真金白纸扇《钱江潮》、黑纸扇《水浒一百零八将》、团扇《老梅又放一枝春》分别荣获第九届中国工艺美术大师作品暨工艺美术精品博览会银奖、铜奖。

2009年：象牙细拉双面异像微刻扇《万寿万福》、乌木细拉花雕边扇《中华之春》荣获"百花杯"中国工艺美术精品奖金奖；檀香双面异像《西湖全图》荣获中国工艺美术"百花奖"金奖；象牙细拉双面异像微刻扇《万寿万福》、冷金扇《运河颂》、真金书画黑纸套扇《大乘波罗蜜》、全棕黑纸扇《仁》荣获首届中国浙江工艺美术精品博览会金奖。

2010年：檀香扇《竹》、《孔雀·鹤》分别荣获浙江省非物质文化

全棕真金彩绘黑纸扇《民族和谐图》

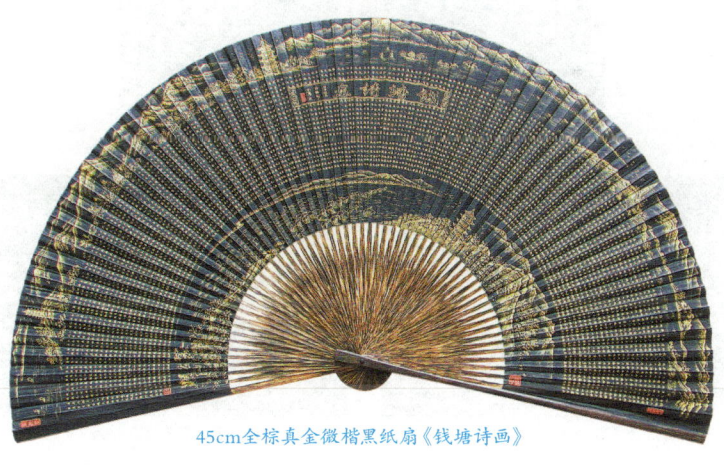

45cm全棕真金微楷黑纸扇《钱塘诗画》

绢本团扇《五子祈福》

檀香扇《竹》

檀香细拉彩绘《红楼梦》

檀香细拉彩绘《西厢记》

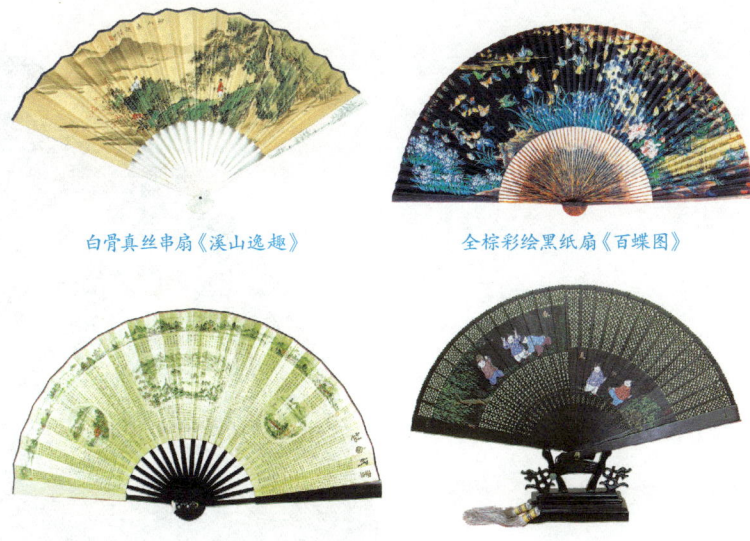

白骨真丝串扇《溪山逸趣》　　　全棕彩绘黑纸扇《百蝶图》

冷金面扇《画印西湖》　　　乌木四格彩绘《春夏秋冬》

遗产精品展银奖、铜奖；全棕彩绘黑纸扇《西溪探幽》、洒金面扇《画印西湖》分别荣获第二届中国浙江工艺美术精品博览会银奖、铜奖。

2011年：贴金彩绘黑纸扇《王星记》、冷金面扇《西湖十景诗意》、檀香扇《乐西湖》、彩绘黑纸扇《水浒传》分别获得第十二届中国工艺美术大师作品暨国际艺术精品博览会金、银、铜奖。

2012年：象牙扇《文殊赴会》、黑纸扇《中国戏剧千脸谱》获得2012中国（杭州）工艺美术精品博览会金奖，黑纸扇《金刚经》、《耄耋长春》、《百寿同福》获得银奖；乌木扇《杭州印象》获得2012中国旅游商品大赛铜奖；乌木扇《孔雀屏》获得2012年中国优秀工业设计奖。

王星记扇的制作技艺与产品分类

制作黑纸扇，是集千年制扇工艺的精华，需特制手工工具四十余件。它的制作技艺与白纸扇、折扇有所不同，扇骨与扇面不能分开制作，非要有扇骨才可以糊面制扇。

王星记扇的制作技艺与产品分类

[壹]王星记扇的制作技艺

1. 黑纸扇制作技艺。

黑纸扇制作工艺过程，可分为扇骨工艺和扇面工艺。扇骨工艺有断棕竹、劈料、削篾、胖料、浸泡、烙料、挑色、钻眼、上销钉、接销、做大边、配边、平身、锉头。扇面工艺有糊面、折面、椿煤、上色、整形、刮砂、砂磨、修扇、撩扇等大小工序一百六十余道（概括为八十六道），全部是手工制作。从棕竹、毛竹开始，削成小小的扇片，经过数十遍的削刮，数千遍的砂磨，最后用木芨草数十遍地打光磨亮，每片扇骨都经过"千刀万刮"后才制成一把美观大方、经久耐用的黑纸扇。

制作黑纸扇，是集千年制扇工艺的精华，需特制手工工具四十余件。它的制作技艺与白纸扇、折扇有所不同，扇骨与扇面不能分开制作，非要有扇骨才可以糊面制扇。

（1）扇骨制作工艺流程。

全棕扇骨：锯料→劈篾→削篾→烙料→胖料→接销→做大边→平身→锉头。

锯料

全本扇骨: 锯料→劈篾→削篾→编晒→煮浸泡→检验→蒸揩→刀边→成形。

锯料: 将毛竹按节锯断, 按规格长短捆扎成12至40cm (全棕黑纸扇制扇最长为550mm)。

劈篾: 竹筒劈成约宽2cm的竹片, 然后将竹片的竹皮与竹黄分开, 竹皮放在大锅内蒸, 蒸后能使浆汁达到不变形、不变色的效果。

削篾: 将竹皮的竹青削净, 梢薄, 扇头厚。糊面后扇子的宽度能达到上下一致。

编晒: 削好的篾编成竹排, 晒五天左右, 晒后越黄越好, 之后浸

接销

在石灰水里五六天，使篾片发红。天冷时要多浸几天。

　　煮浸泡：将发红的篾片用石灰炝煮，再放入青矾缸浸泡，洗净后再晒，这样扇骨就成色了。

　　检验：染成黑色扇片后进行检验挑拣，每三十片（里芯骨）扎成一把后再蒸，达到扇骨片平直的效果。

　　蒸骨揩油：竹片蒸后揩上菜

大边造型

油，能起光滑作用。

刀边（两次）：扇骨芯与扇骨大边分开蒸（厚薄不一，蒸的时间不同），蒸后分开刨。

成形：将扇骨芯和大边削刨后大边拗火（烘），使扇边、肚略向外弯呈弓形，扇折叠后扇梢不会散开，造型美观。

（2）扇面制作工艺流程。

检骨→探骨→糊面→折面→砂磨→修扇→撩扇。

①糊面工艺流程。

理纸→裁面→划线→拉锡嵌→压纸→步工→搭边→贴扇。

②折面工艺流程。

留边→喷水→折裥→挑裥→打腰封。

③砂磨工艺流程。

刮扇骨→揉骨→提楞→开纸口→上蜡。

主要是将扇梢挂在桌边上，扇头挂在胸口，用四角刀将扇骨上的柿漆及刀疤反复刮净，然后用木及皁反复地砂磨每一片竹骨，砂后用长毛刷撢净砂灰，擦上好蜡，用棕墩反复擦。通过这样的砂磨后，扇骨光亮细腻。

④修扇工艺流程。

作边火→拆销→鞭火→修扇。

通过前五道工序制作后，修扇能使扇子定型。用炖好的黄鱼胶

修补前几道工序中篾子开碎、开肚、开头及扇大边裂开等问题，将扇骨上的竹刺除尽，然后将竹销钉拔掉，装上水牛角销钉。先用热锉，后用冷钳定型，钳好销钉两头。

⑤撩扇。

最后一道撩扇工序，也可称为"检验工序"，检验整把扇子的外形。主要是检验扇面部分和大边的上半部，看扇面是否有破洞需要修复。刮伤半部大边，反复砂磨大边，上蜡打磨。上蜡擦数遍使扇骨更加光滑明亮，扇面裥道上涂刷数次煤漆以增加裥道牢度，使整把扇子乌黑发亮，古朴典雅。最后在扇头套上合适的红纸扇箍，至此，

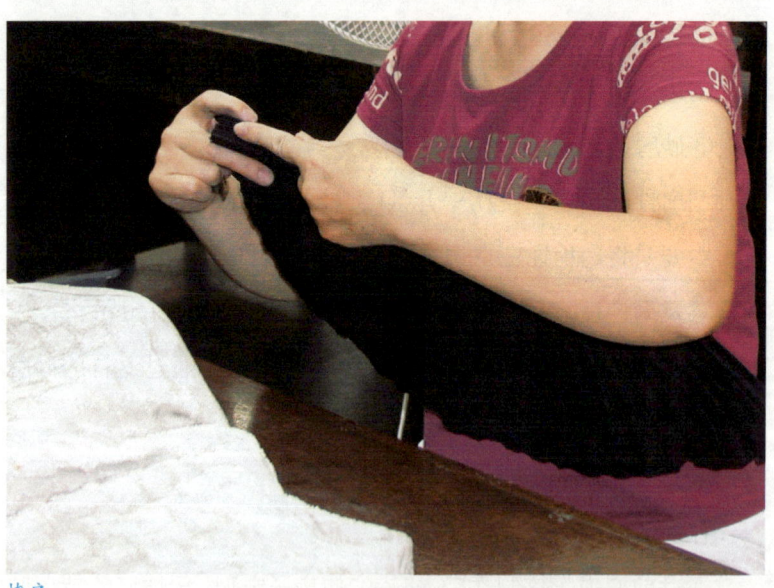

撩扇

整把扇子才制作完毕。

2. 檀香扇制作技艺。

檀香扇制作工艺流程：

设计→选料→段料→开方→锯片→造型→装工→模具→喷花打洞→拉花→磨工→烫花→绘画→雕刻→拷钉→穿带→检验→系流苏或扇坠。

选料：将檀香原木进行筛选，剔除破裂、色泽不匀的原木。

段料：先将原木的粗细、大小进行分类挑选，再根据扇子的尺寸进行段料。下一道工序开方需将段料的檀香进行挑选，再根据扇

造型

子的尺寸开方，再将开好的板方进行挑选。

开方：把一段段原木在皮带锯上用特定的模板锯成扇形板状，去掉边角等废料。扇形板料要求表面平整、锯纹较浅。

锯片：锯片要注意木片上的锯纹越浅越好，基本看不出为最佳。一把扇子最好选用同一块木料，可以避免色差和木纹的不一致。

造型：造型是扇子外轮廓美化的第一步，用自制的十八种工具将檀香扇坯做成不同规格和花色品种的扇子，如花瓶形、葵花形、圆头形、直肩、格巾、排齐等。

装工：用自制的胖、齿锉、刮子将每把檀香扇坯进行整理。

每片正反面都要把锯纹胖掉，不能留有锯纹痕迹，并用齿锉在扇边、扇芯打上特定的数号，以避免在后几道工序生产时不会出现扇边、扇芯不符的现象。

拉花：拉花工具是用毛竹自制而成的，形状像弓，所以取名叫"弓"，也叫"钢丝锯"。使用的钢丝锯型号有0.2mm、0.3mm、0.5mm钢丝，分别根据花的粗细来选择钢丝的型号。钢丝锯需手工敲齿自制，按不同角度重复敲齿，五颗一组。自制的钢丝锯齿不能有高低齿、倒齿、翻齿、尖齿，齿与齿之间的间隙要均匀，齿的深浅、走向、排列以及行距要适当合理。拉花前先将扇坯进行编号，之后喷花、打眼，打眼时要注意手的力度，要控制木片的厚度，以免太厚，因太厚会使花的上下走形。在拉花前要熟悉整把扇子的图案和图的

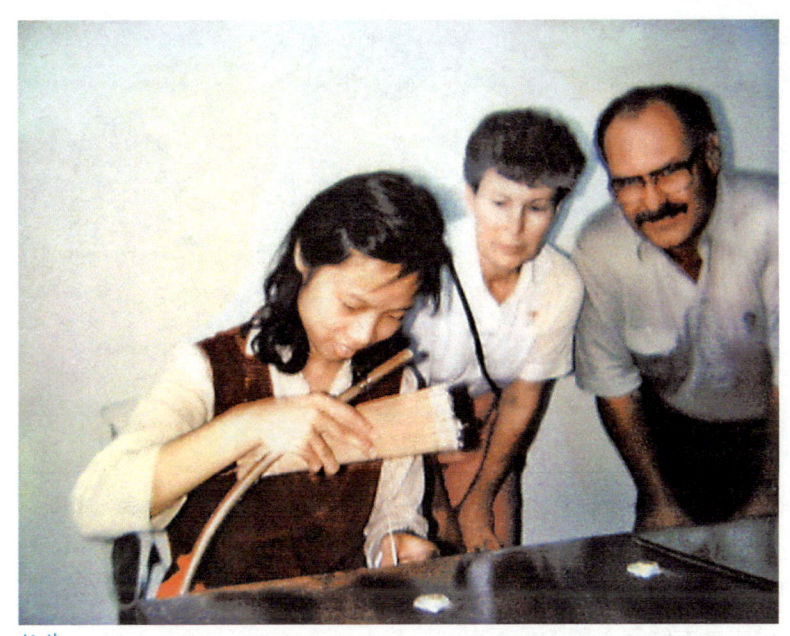

拉花

结构，这样才能准确地把握拉花后的图案效果。拉花时还要注意拉弓要垂直，上下用力均匀，线条粗细均匀，锯痕线条光洁；在拉每个眼时要注意平、直，四角有轮廓，边角要清晰。拉花是美化檀香扇扇面的主要工艺之一，而王星记檀香扇以细、巧、奇、险的特点蜚声中外。经过拉花的加工，扇面上线条与块面形成虚实、阴阳对比的效果，是制扇技艺及图案设计成功的关键。拉花工艺目前列为"四花"工艺（拉花、烫花、画花、雕花）之冠。拉花的图案从以前简单的花草纹样、对花、拼花，发展到现在能把复杂多变的图案表现得栩栩

磨工

如生，再配上人物、风景、建筑、花草、动物等不同内容的图案，便成为具有鲜明主题的檀香扇细拉花作品。

磨工：磨工是用纸砂皮对经过拉花等前几道工序扇骨上的毛糙处进行手工打磨。先用粗细不同的纸砂皮，先粗再细地打磨。打磨时注意手的用力要均匀，要用浮力，用力不能过重。将毛糙和锯纹磨掉后，再用高级川蜡进行打磨，使整把檀香扇光滑明亮。

烫花：烫花又称"烙画"或"火笔画"，是用自制的工具在扇骨、扇面上烫绘出图案的一种方法。自制的烫花电笔采用电热丝加热，为了提高烫烙的质量，又将温度控制器改装成无极调谐器。从技法上讲，烫花主要适用于中国工笔画的传统形式，再适当辅以西

烫花

画的衬托，以加强图案的质感，其风格典雅古朴，细腻传神。

绘画：檀香扇有烫花和绘画两种。檀香扇上的彩绘是王星记独有的风格和工艺，烫花和彩绘的结合使扇面层次和色彩更丰富，题材内容亦更多样，如檀香扇《红楼梦》、《西厢记》、《牡丹》等。

雕刻：檀香扇的两个大边上雕刻不同的花色，更丰富了扇子的工艺。扇边的雕刻有阴雕、阳雕，雕刻的题材可以结合扇面的内容进行选择，如诗词、山水、人物、花鸟等。

拷钉、穿带：拷钉、穿带是整把檀香扇制作的最后工序。用紫铜经镀铬后加工成光亮的扇钉，装订扇子的根部，然后再用尼龙丝将扇片连接穿带，穿带的松紧、疏密要均匀，收折要自如。

绘画

穿带

3. 绢宫扇制作技艺。

秀美雅致的绢宫扇，除了扇面书画外，其他有缂丝、刺绣、织造工艺等扇面，必须要经过装圈（有铁、竹、木圈等不同材质的圈）、糊面、沿边、扇柄打眼、穿结、系扇坠、装流苏等多道工序。

拗框架：轧料→拗框架（不同形状的框架）。

木柄、竹柄：选料→烘花（竹竿）→段料→做凹口→打洞。

装框架：夹脚→压平→包边→装框架。

矾面：裁料→上绷→矾面→揭面。

做沿条：裁面→打潮→背纸→上壁→揭壁→裁条。

砂框。

绷面→留边→沿条。

书画（喷、画或网印结合等工艺）。

穿丝带或系流苏。

4. 白纸扇制作技艺。

白纸扇扇骨制作可分十二道工序：选料→段料→劈篾→削篾→巴头→蒸煮→做边→料骨→造型→刨砂→抛光→销钉。

之后是：扇骨检验→扇面印刷→切纸→裱面→折面→挤头→沿条→串扇→搭边→溜边→检验。

老矾面扇属白纸扇类的一种，为中高档产品。扇面是用宣纸（不用印刷）裁面后上矾或云母粉，晾干后再裱面。老矾面糊裱三至五张宣纸，裱糊时在右搭边前一裥里面夹一张盖有"杭州王星记扇厂制"印章的纸条，左搭边前一裥里面夹一张盖有"特选市矾绵料"或"特选五层绵料"印章的纸条。配扇骨一般是市玉骨（水磨骨），雕刻竹、木扇骨，扇面装饰以书画为主。老矾面扇用的材质与印刷普通白纸扇截然不同。

5. 扇面书画、雕刻、镶嵌技艺。

一柄扇子方寸之间能够表现出艺人巧夺天工的手艺和奇思妙想。或精选制扇材料，如紫檀、乌木、湘妃、斑竹；或研制扇子造型，如圆头、直根、涤环、结子。而最下功夫的是扇骨雕刻与镶嵌、扇面书法与绘画，技艺要求十分严格。

（1）扇面书法技艺。

矾面有正、草、隶、行等，扇面有泥金行书、小楷等。

真金粉书写小楷（微楷）、篆、隶等书体。

扇面上书写难度极大，用真金书写微楷更是难上加难。主要步骤：

①泥金粉：用99金箔和74金箔，根据所需比例配制，将配制好的金箔放在瓷盘中，加入胶，用食

扇面书法

指和中指用力反复研磨，磨至金粉细腻有光泽为止。真金粉不同于墨汁和其他颜料，它很黏笔。毛笔蘸金少了，会是枯笔；蘸金多了，金粉会一下子滴在扇面上。只有经过长期的实践，才能很好地掌握它的特性。在黑纸扇上用真金书写不会氧化，不会变色，可长久保存，故王星记高档黑纸扇多用真金粉书写。

②字形选择：字体规范，讲究大小及疏密度，并运用多种字体在一把扇面上进行表现。在扇面上，微楷排列从纵列到

扇面绘画

横向，均须匀称、协调。纵向排列错落有致，有很好的视觉美感。

（2）扇面绘画技艺。

主要画种：山水画、花鸟画、仕女画、人物画等，在矾面、黑纸扇扇面、泥金扇面、檀杏扇扇面上用真金、仿金绘画或彩绘等，也可以用真金字画结合，真金和彩绘结合。

主要形式：工笔、写意、白描、没骨、粉画等表现手法。

主要技法：一是布局巧妙，扇面的圆弧形和褶裥对画面的布局要求相当高，如在400mm的黑纸扇上设计的二百多个京剧脸谱，突显脸谱的传统色彩，有大有小，高低错落。

二是颜料讲究，不同材质（生宣、熟宣、老矾、中矾等）选用不同颜料（水彩、广告色、金银粉、墨色等国画颜料）上色，这样即使经常收折扇子也不易落粉，且保持色彩鲜艳。

三是着色技巧，施色淡而不灰，厚而不腻。黑纸扇京剧脸谱图案，先用白粉打底，因为扇面凹凸不平，且要反复打开，打底调的颜色不厚不薄，一般要上两次白粉底色才均匀，然后用勾线笔勾画脸谱的谱式。而画泥金等着色扇面，不能与绘画的设色相抵。

（3）扇柄雕刻、镶嵌技艺。

主要是对扇骨进行装饰加工，图案有花、鸟、虫、草、山水、人物、博古、仕女、诗词歌赋等。方法有雕漆、雕边、浅刻、深刻、留青刻，还用象牙、螺钿、玳瑁、金银丝、骨片镶嵌或镶贴扇大边。在一把扇柄上运用刻面、嵌象牙、嵌螺钿、嵌檀香、镶贴及雕漆等装饰艺术，工艺十分细腻，使扇骨极为精致和美观。

[贰]王星记扇的制作器具

1. 制作黑纸扇的主要器具。

（1）扇骨制作的主要器具：锉刀、锯子、四角刀、鱼胶锅、敲棒、棕凳、出芯床、刀边床、冷热钳、烙铁、双剪、马蹄刀、揉干棒、木芨草、油灯等。

（2）扇面制作的主要器具：锡铅、排笔、锉刀、板锉、铜指甲、添刀、溜边刀等。

锯子

削篾刀

烙铁

划尺

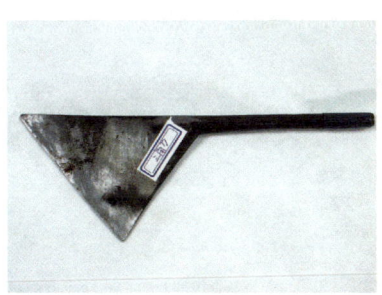

三角刀

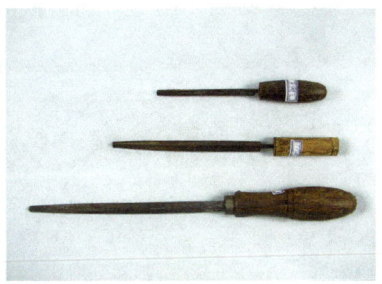

三角锉

探骨架

鱼胶锅

捣胶棒

赶边棒

添扇床

牛角钉

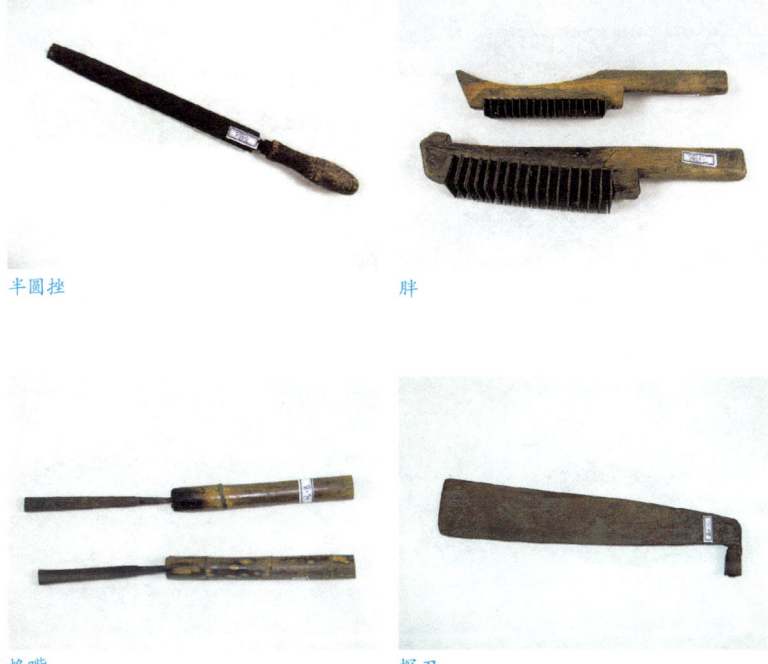

半圆挫　　　　　　　　胖

烙嘴　　　　　　　　　探刀

（3）扇面书画创作工具：勾线笔、狼毫笔、衣纹笔、羊毫笔、紫毫笔、油画笔、电炉等。

（4）产品：全棕、全玉、全本、马元（僧用）、洋包扇、棕本、棕玉、花式、三格巾、扇骨（股）二十四根至八十根。

2. 制作檀香扇的主要器具。

（1）成扇制作的主要器具：板锉、齿锉、半圆锉、尖锉、花色锉、电笔锉、四角刀、刮子等。

排笔

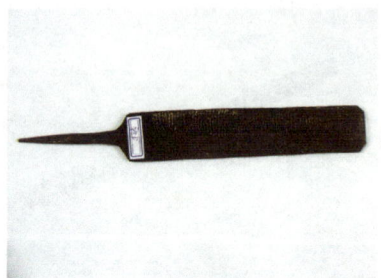

锉刀

溜边刀

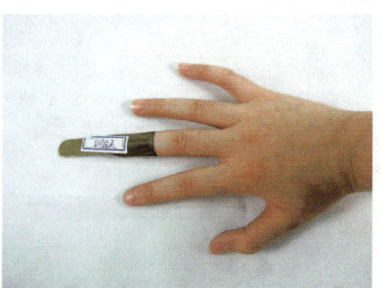

铜指甲

添刀

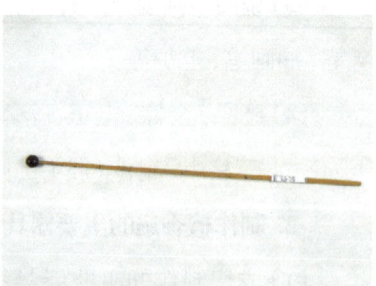

贴棒

各种尺寸的全棕黑纸扇

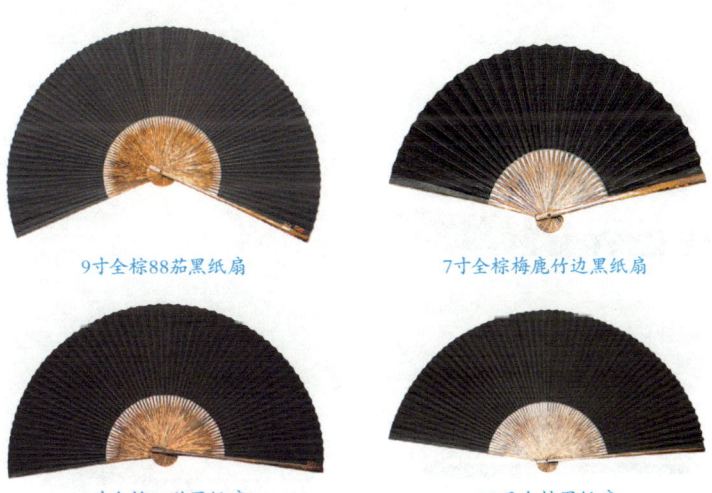

9寸全棕88茄黑纸扇

7寸全棕梅鹿竹边黑纸扇

9寸全棕60茄黑纸扇

1.5尺全棕黑纸扇

（2）装饰制作的主要器具：钢丝、钻头、弓、喷枪、烫笔、砂皮、尼龙线、针等。

弓

替木

电笔

电炉

板锉

齿锉

中型平板锉

四角刀

檀香格景画扇

檀香骨西泠真丝手绘绢扇（20世纪40年代）

檀香骨格景手绘绢扇（20世纪50年代）

檀香全面细拉《兰花》

玉带檀香扇（民国）

[叁]王星记扇的产品分类

1. 黑纸扇。

"三星"牌黑纸扇是王星记最负盛名的传统名牌产品，素有"苏白杭黑"之美誉，工艺精湛，制成的扇骨柔软而富有弹性，扇面质地绵韧细洁，色泽乌黑透亮。

黑纸扇的扇骨采用毛竹制作的称"全毛本"，以棕竹为原料的称"全棕"。也有以象牙、玳瑁、檀香木、兽骨、湘妃竹、梅鹿竹、乌木等名贵材料制作扇骨的。扇子两边的两根大扇骨（俗称"大柄"，或称"大边"）或烫花，或镂刻，或镶嵌银丝、象牙、螺钿，高贵典雅。扇骨有二十四茄、三十二茄、四十茄、六十茄数种。茄数越多，扇骨越薄，制作要求也越高。

黑纸扇的扇面采用浙江富阳、瑞安等地产的纯桑皮纸。该纸质地绵韧，不易断裂，重复涂刷数道诸暨高山柿漆，经如此处理的扇面光泽照人，不怕水蚀，因而黑纸扇有"一把扇子半把伞"之誉。

黑纸扇的制作要经过制骨、糊面、折面、上色、整形、砂磨、整理等八十六道工序，其制作基本上用手工操作。由于制作工序复杂，检验严格，故出货很慢，真是"做一年，卖一时"。当年做成的扇子，扇身还欠挺服，必须存搁一两年出售，方为上品。

黑纸扇的品种，从原料上分类有全棕、全本、全玉、棕本、白骨等；从用途上分有戏曲表演用的洒金贴花扇、评弹演员用的洋包

黑纸扇《王星记》

扇、佛教界用的马元扇、工艺摆设扇、工艺黑纸套扇及日常生活中常用的普通黑纸扇。黑纸扇的规格以扇骨长度计，最大的是400mm，最小的仅100mm，常规的是233mm和266mm两种。

黑纸扇的扇面装饰极为讲究。其艺术加工有泥金、泥银、剪贴、绘画、书法等形式。扇面绘画中，有真金白描的珍禽鱼虫，也有写意的名花异草；有山水风景，也有飞天、罗汉等人物画，或色彩素雅，或笔墨艳丽，或萧疏淡远，或饱满丰盈。其代表作有工笔彩绘《红楼梦》、《西湖民间故事》、《白蛇传》等连本戏套扇。每把扇子扇面绘有一个相对独立的故事，整套扇情节连贯、前呼后应，构成一个完整的故事，极富欣赏、收藏价值。黑纸扇扇面书法正、草、篆、隶等书体俱备，有用铜粉书写的，也有用真金粉书写的，书文并重。

黑纸扇从问世之日起就受到艺术家们的青睐。梅兰芳先生主

演的《贵妃醉酒》中，手中那柄美丽的黑纸扇，就是王星记扇厂精心制作的。京剧名角马连良、越剧皇后袁雪芬也都在王星记扇厂定做过黑纸扇。

王星记黑纸扇1979年被评为轻工业部优质产品，在1981年全国扇子质量评比中，以99.7分获得同类产品的第一名，同年又获得中国工艺美术品"百花奖"银奖。

2. 白纸扇。

白纸扇又名"白纸折扇"，是王星记扇的主要品种之一。

白纸扇扇骨采用浙江安吉、临安产的两年以上的冬竹为原料，经防蛀、防霉处理，以达到耐用的目的。扇骨因取自不同竹层而有不同的名称，选用竹青制成的扇骨称"头青"，取自竹黄制成的称"二

白纸扇《秋雨梧桐》

青"。由于加工工艺及精度不同，亦分头玉、二玉、头油、二油、漆骨、中细骨、水磨骨等数种。高档白纸扇的扇骨材料，除了水磨竹骨外，也采用檀香、黄杨木、楠木、红木、乌木、象牙、白骨、玳瑁、湘妃竹、梅鹿竹、罗汉竹等高级原料。扇骨大边往往施以阴雕、浅浮雕、银丝螺钿镶嵌等装饰手法。其扇头造型丰富，制作工艺精湛，样式可细分为大圆头、小圆头、平头、玉兰头、琴燕尾、葫芦等近百种。

白纸扇扇面的原料大致有两类：一类是采用浙江富阳等地手工制作的或安徽泾县产的宣纸，经矾面处理，适宜绘画书写；另一类是采用50至60克单面胶版纸为原料，这类低档扇面大多付诸彩印，画面有山水、人物、鱼虫花鸟等。此外，有一类白纸扇扇面还采用了洒金、洒银工艺，保留了杭扇以金笺纸为扇面的传统特色。

白纸扇的规格从167mm到400mm，随着国内装饰艺术的发展和国际市场的需求，后来又衍生出微型摆式扇和巨型屏风扇。

3. 檀香扇。

檀香扇是以檀香木为原料制成的折扇，是在1920年由王星记第二代传人王子清所创制，以"西泠"、"玉带"、"双峰"作扇名，正式成为杭扇中的一个扇种。

檀香扇可分两种，一是用檀香木片作为扇骨，扇面采用纸或绢，通过组装、锼粒、裱糊、绘画等多道工序制成扇子，类似折扇。二是纯粹采用檀香木片制成扇子，其制作工艺极为精细：先将檀香木锯

檀香扇《白蛇传》

成薄如竹篾的薄片，再经拉花、烫花、雕花、镶嵌等工艺制成。

檀香扇底部常常配有穗带、扇坠，要求小巧玲珑、轻盈典雅，富有装饰韵味。有的扇坠采用香料炮制，可随扇飘香。

檀香扇还有"扇存香存"的特点，一把檀香扇保存十年八年之后，夏日摇动扇子，依然满室生香。而秋冬藏入箱内，可防蛀防虫。

王星记檀香扇还分男式和女式两类。男式扇扇形开阔，一般为300至400mm，扇面用纸或绢，文雅纯朴；女式扇通常为203mm，扇骨和扇面交叉穿插，轻盈如纱，玲珑剔透。

4. 宫团扇。

宫团扇又名"纨扇"、"合欢扇"，早在汉代时就已盛行，历史十分悠久。

宫团扇《天女散花》

宫团扇扇柄采用硬木或毛竹作材料，考究的还装有象牙秋角，下缀流苏。造型有圆形、曲线形、长方形数种，古色古香，清丽雅致，特别为妇女所喜爱。扇形多变，美观大方，扇柄用材讲究，有乌木、红木、紫檀、象牙、棕竹，柄上采用多种工艺表现手法，扇面有泥金、绢，用书画、刺绣来装饰扇面。

宫团扇扇面的主要原材料为丝绢织物。杭扇的宫团扇大多采用浙江自产的绫与绢，这类绫绢薄而有光泽，观感素雅，极富"纨扇圆洁"之古意。高档的宫团扇扇面上还绘有仕女、花鸟鱼虫或青绿山水等。

宫团扇又分宫扇与团扇两大类。宫扇做工精细，有双面大包边和单面大包边两种，扇面规格以直径285mm的居多，扇的形状不固定。团扇扇面直径多为220mm，尺寸比宫扇小。儿童用团扇尺寸更小，扇面直径在120mm以下。

宫团扇古色古香，可以当作装饰品陈设，深受收藏界的青睐。艺术大师梅兰芳就收藏有一把泰戈尔赠送的圆形绢面宫团扇，上面有泰戈尔用英文与孟加拉文书写的一首贺诗。

5. 羽毛扇。

羽毛扇的历史比宫团扇还要悠久，它是采用飞禽羽毛制成的扇子。

羽毛扇制作复杂，工艺要求高，仅选羽就需色泽一致，长短相仿，羽毛串排左右对称。一把扇子的两边，要在禽类的左右翅膀各选一根相同位置的羽毛，才能达到造型、色泽上的一致。制作羽毛扇的羽毛选择十分讲究。以羽翅而论，由外及里，依次称为"千金"、"合度"、"阔度"、"大屏"、"二屏"，第六羽开始至第十羽的羽毛紧硬，形同匕首，称为"刀翎"。制作羽毛扇时，要按照不同的羽毛规格，经洗、理、修、缝、装、排等工序方能制成。

羽毛扇扇骨采用漂白牛骨制成，镂刻出花纹图案，也有采用竹、木、兽骨或象牙制成。

王星记扇的羽毛扇主要有鹅毛扇、绒毛扇和孔雀羽毛扇三个品种。

鹅毛扇：扇骨以牛骨、硬木和竹子为原料，经漂白、磨光并镂刻各种花纹图案，十分精致。扇面选用浙江湖州产的鹅毛，它以色彩雅致、

羽毛扇

质软风柔见长。颜色有洁白、纯黑、芝麻色等多种。扇子形状有圆形、长形、腰圆形、佛手形、鸡心形、半月形等。

绒毛扇：扇骨选用牛肋骨或竹子，经漂白、打磨、雕花后，粘上二指宽的绸条，再将经漂洗、脱脂、整修后的天鹅、火鸡、驼鸟等名禽的绒毛粘贴在扇面上。绒毛有的采用本色，有的染上各种颜色，可作戏曲道具或观赏品。有的绒毛扇收拢后成为一团绒球；展开时，似红霞、像彩云，艳丽动人。

孔雀羽毛扇：扇骨用牛骨加工成薄片骨架，在上面贴上近一百片孔雀尾羽，形成扇面。再在扇骨与扇面连接处，配以白色绒毛。一柄孔雀羽毛扇，需用一至两只孔雀的尾羽，而且须选择色泽鲜艳、图案完整的尾羽，由小到大分成三档，加以对称串联排列，精工制作而成。孔雀羽毛扇属高档名贵扇。

6. 象牙扇。

象牙扇是杭扇的传统产品之一。王星记扇厂生产的象牙扇，质地坚韧、细洁。扇骨经拉、镂、雕、刻等工艺加工，大边大多雕刻成

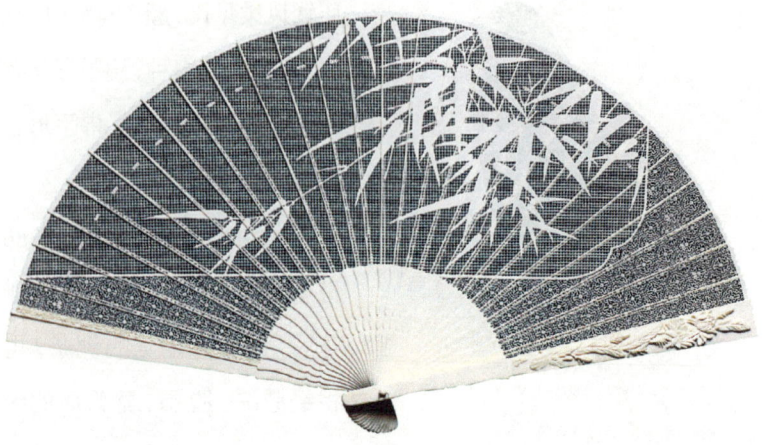

象牙扇

象牙扇局部

如意形状。扇面还采用真金箔装饰，十分高贵雅致。象牙扇玲珑剔透，精巧名贵，非高手不能制作，属于高档欣赏扇。

7. 白骨扇。

白骨扇是杭扇中特有的扇种，其扇骨有十六至十八根，用漂白的牛肋骨精制而成。扇面有纸和绢两大类，适宜题词作画。白骨扇款式有男式、女式两类，男式扇长度为267mm至317mm，扇骨制作以简洁见长；女式扇长度为177mm至203mm，制作采用拉花、雕花、冲花或绢面画花结合，以美丽取胜，妇女多用来装饰。

1983年，王星记曾推出微型白骨扇，其规格为66mm至100mm，在室内博古架上陈设，十分雅致。

白骨扇

8. 女绢扇。

女绢扇又称"绢竹扇"，是王星记扇中的一个新扇种。

女绢扇扇骨以竹为原料，扇面采用杭州特产丝绸，可分为两大类：扇骨染成黑色，配以黑色丝绢作扇面的称"乌竹扇"；扇骨染成其他颜色，配上与之协调的彩色丝绢作扇面的称"彩竹扇"。前者高贵庄重，后者秀丽活泼。

女绢扇扇面需经矾绸、折面处理，用银箔作沿条，或绘画，或喷花，或网印。高档女绢扇则用金银箔装饰扇面，富丽堂皇，十分气派。1983年，王星记曾采用真空涤纶薄膜作扇面材料，代替绢绸，增强了女绢扇的防水、防蛀性能，使其更加经久耐用。到了20世纪90年代，女绢扇的创意设计理念是追求时尚，突出"雅"字，做到扇

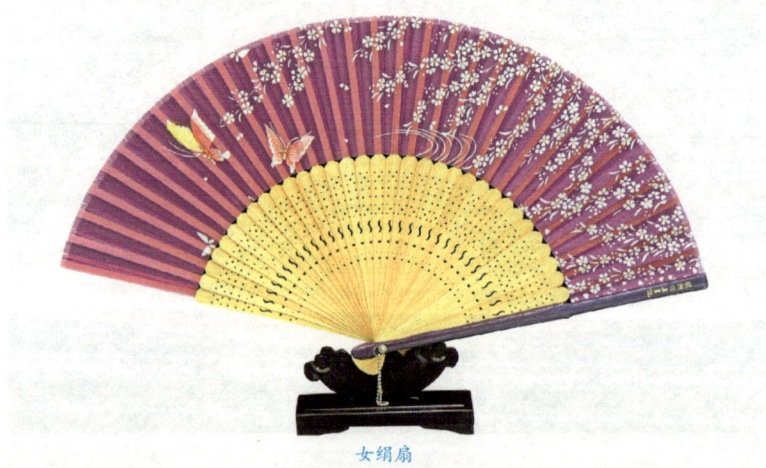

女绢扇

骨、扇面色系协调，扇面画疏密错落，成为一种典雅的饰品，大受市场欢迎。

9. 香木扇。

香木扇是20世纪70年代初发展起来，以弥补檀香木原料不足的一个新扇种。大多采用柏木、黄杨木等硬质木材。

香木扇承袭了檀香扇的制作工艺，在成扇上喷涂化学合成的檀香精，其香味几乎可乱假成真。

王星记后来采用大边冲压工艺和扇面印刷工艺制作香木扇，工效大大提高，因而成本有所降低，价廉物美，一经问世就受到消费者青睐，成为杭扇的一类大宗产品。

香木扇有金面、圆形印花等多个品种，扇子规格按长度计算，有176mm、203mm、229mm等三种。

10. 红木扇。

红木扇是近年来王星记大力发展的一个扇种，选用紫檀、黄花梨以及乌木等为原料，扇子造型古朴典雅、稳重大方。

王星记选用红木来制作扇骨，以雕刻、镶嵌技法作为艺术装饰，不仅集实用性、艺术性、保值性于一体，又能彰显扇子拥有者的人文素养及社会身价。

王星记红木扇，可分紫檀、黄花梨、乌木等系列，色彩独特、品位高雅。其制扇工艺，运用拉花、彩绘等技法，创造了一种独特的艺

红木扇

术品味。尤其是细拉花扇，设计展现了双面工笔画，因扇骨材质特殊（硬质、深色），使扇面绘画色彩与众不同，独领风骚。

11. 舞蹈扇。

舞蹈扇是高级花扇的一种，大多为舞蹈用扇。扇骨以竹为主，扇面采用各式丝绸，有的还缀上闪光的彩色铝片，组成各种图案，金光熠熠，绚丽多彩，大型庆祝会、健身活动时都少不了它。

12. 戏曲扇。

戏曲扇，是专供京剧、越剧、昆剧等各类戏曲演员在舞台表演中使用的道具。女角多用小画扇，男角多用中型扇。演员借助扇子，显示角色不同的身份和心理状态，妙意无穷。

戏曲扇以泥金扇为主，绘画方法是先用粉色打底，然后用线条勾出花瓣的各种形态，进行渲染。五彩牡丹，叶子有阴阳色彩，正深反淡，构图因扇形而变化。戏曲扇的特点是色彩艳丽，线条工整而流畅，民族色彩较强。

王星记生产戏曲扇由来已久。从20世纪30年代始，名角梅兰芳、袁雪芬等人就常来王星记定制道具扇；而今浙江小百花越剧团

戏曲扇

的茅威涛表演新版《梁山伯与祝英台》时，手中舞动的折扇与团扇，也是王星记出品。

13. 魔术扇。

魔术扇，是为魔术师特意设计的。扇子可左右打开，扇面分红、黄、绿三色，变化多端。

1959年国庆十周年，有一魔术团来王星记订货，要求制作一批具有三幅不同颜色或不同画面的魔术折扇。制扇老艺人韩阿华经过反复研制，终于用宣纸制作出了这种可以变换出三面色彩及图画的魔术折扇，为魔术师的舞台创作增添了一种新的道具扇。

魔术扇

14. 屏风扇。

屏风扇是王星记扇的新品种，问世于1978年，由白纸扇衍生而来。屏风扇扇边采用毛竹或硬木制作，有单边和双边两种，高档的屏风扇，其大边雕有各种图案，扇面有全纸面、洒金面、洒银面、全绢面等数种，其画面全部采用手工精绘。屏风扇主要用于客厅装饰，或挂、或摆皆宜，现已风行海外。

檀香宫扇花鸟

扇面绘画有传统题材"八仙过海"、"百蝶图"、"百鹤图"、"百鸟图"、"百子图"、"百福图"、"百寿图"、"八骏图"、"马到成功"、"福如东海",以及花鸟山水画等。扇骨采用雕刻、髹漆、镶嵌等工艺,尺寸有500mm、700mm、1000mm、1200mm。

1983年,王星记生产过一把巨型屏风扇,高2600mm,长5000mm,净重16公斤,展开如一幅美丽的壁画。扇面是由画家潘飞轮彩绘的《杭州西湖全景》。两根大边用浮雕雕出"西湖十景",以深棕色云纹相衬。

15. 挂扇。

王星记的挂扇是台屏扇的一种延伸产品,主要悬挂在客厅、办公室、会议室、大厅的墙壁上,起装饰的作用。

挂扇扇骨的原材料以毛竹为主体,扇面配以宣纸、牛皮纸或绢、绸等材料。从20世纪90年代初开始,挂扇发展较快,其画面新颖,产品有山水、花鸟鱼虫、书法等数十种,规格多为柄长1000mm左右。近年来,挂扇集诗、书、画、印为一体,扇画内容以西湖山水、杭州风光为主,成为一类富有诗情画意的扇子工艺品。

16. 轻便扇。

轻便扇是王星记于1969年推出的新扇种。因其携带方便,故又称"袖珍扇"、"旅行扇"。轻便扇扇柄采用轻型薄铁皮或塑料制作,扇面采用胶版纸彩印,展开呈桃形,收拢后体积甚小,长130mm、宽20mm、高60mm,小巧玲珑。

轻便扇

17. 帽扇。

帽扇是王星记于1980年试制成功的新扇种,同年投放市场。因该扇半打开(180度)时为扇,全打开(360度)时是帽,帽扇合一,故取名"帽扇"。帽扇是由骨架与扇面结合而成,扇骨采用富有弹性的篾片制成,扇面选用真丝乔其纱、印花电力纺热压成型,并缝上尼龙花边,装有揿扣,挂上穗子,分有顶帽扇与无顶帽扇两种。既可遮阳挡风,又可扇风生凉,且透气耐晒,易于折叠,为旅游佳品。

18. 自开扇。

自开扇由王星记制扇艺人曾子明发明设计,突破了以往扇子的款式,结构新颖,造型别致。采用钢丝作扇骨,硬塑作扇柄,下缀彩

自开扇

色流苏，扇面用湖绿、湖蓝、粉红色的尼龙纺制作，并绘有花卉或西湖风光，淡雅可人。使用自开扇，只需将流苏上的彩珠轻轻一拨，扇子就自动打开，形如一片荷叶。合拢时体积只有一支钢笔大小，携带方便。

1983年全国"小发明"竞赛中，自开扇荣获二等奖，为王星记争得了荣誉。

19. 广告扇。

广告扇是王星记在20世纪70年代推出的一个新扇种，属于定制类扇子产品。改革开放以来，随着中国市场经济的快速发展，各类广告扇应运而生。扇子造型有折扇、团扇之分，扇面用料有宣纸、丝绸之别，扇骨材质竹、木均有。其扇面画设计，以反映祖国各地名胜古迹为主，既可纳凉，又可当作旅游指南，颇受广告客户的欢迎。

广告扇（民国）

王星记广告扇《杭州西湖全图》

王星记扇的代表作品与传承人

王星记扇的制作工艺和造型艺术，汇聚了历代制扇艺人的巧思佳构，留下了书画大师的经典之作，有极高的文化含金量。

王星记扇的代表作品与传承人

[壹]王星记扇的代表作品

1. 300mm全玉黑纸真金泥金彩绘扇（20世纪20年代）。

制作：陈英。

技艺特色：真金金箔、真金三格巾剪贴彩绘。

2. 泥金花扇（20世纪40年代）。

制作: 陈英。为梅兰芳先生表演《贵妃醉酒》绘制的舞台扇。

3. 300mm象牙骨泥金彩绘仕女扇（20世纪40年代）。

制作：王星记。

4. 宫扇《杭罗牡丹》（20世纪40年代）。

制作：王星记。

5. 180mm檀香骨格巾彩绘绢扇（20世纪40年代）。

制作：王星记。

6. 180mm檀香骨彩绘绢扇（20世纪40年代）。

制作：王星记。

7. 330mm八格景马元头花色扇（20世纪40年代）。

制作：王星记。

书画作者：张大千（1899—1983）、陈汉第（1874—1949）、傅儒（1896—1963）等。

8. 180mm檀香西泠手绘《梅花》（20世纪50年代）。

制作：王星记。

9. 330mm竹节骨字画扇（20世纪60年代）。

制作: 王星记。

书画作者: 蒋鹿洲。

10. 250mm檀香细拉花《炉鼎》（1978年）。

设计：李湘梅。制作：李有生。

作品被中国扇博物馆收藏。

11. 300mm全棕真金彩绘黑纸扇《海天佛国》（1978年）。

制作：王星记。书画作者：郑雪云。

作品获1982年浙江省优秀旅游工艺品奖。

12. 300mm市玉骨雕边字画扇《枇杷》（1978年）。

制作：王星记。

书画作者：朱豹卿。

13. 杭画重彩扇（20世纪80年代）。

制作：王星记。

书画作者：徐耐珍。

14. 扇面大写意（20世纪80年代）。

书画作者：李湘梅。

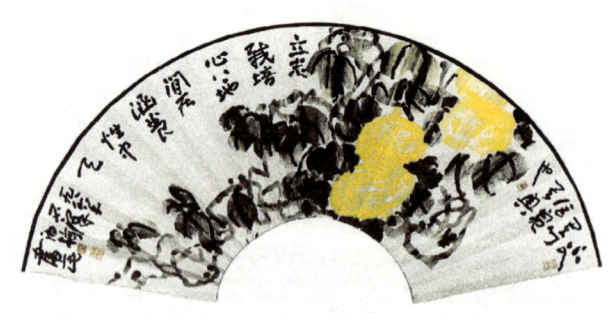

15. 300mm全棕彩绘黑纸扇《鸳鸯戏水》（20世纪80年代）。

制作：王星记。

书画作者：诸葛瑛。

16. 250mm檀香细拉花《松鹤全图》（1982年）。

设计：李以泰。制作：孙亚青。

作品被中国扇博物馆收藏。

17. 300mm全棕真金微楷黑纸扇《唐诗绝句千首》（1983年）。

制作：王星记。微楷作者：朱念慈。

作品被中国工艺美术馆收藏。

18. 300mm全棕彩绘黑纸扇《梁山一百零八将》（1984年）。

制作：王星记。书画作者：施耀庆。

作品获第四届中国工艺美术品"百花奖"创作设计二等奖。

19. 300mm全棕真金微楷黑纸扇《孙子兵法》(1985年)。

制作: 王星记。微楷作者: 金岗。

作品被中国工艺美术馆收藏。

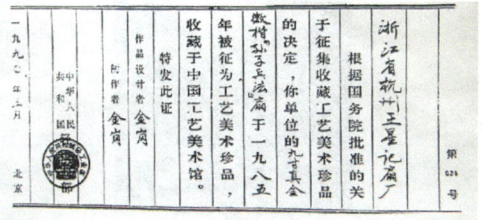

全棕真金微楷黑纸扇《孙子兵法》

20. 红木柄绢面大包边字画宫扇《仕女》(1985年)。

制作: 王星记。

书画作者: 钱嘉珍。

21. 绢面木柄宫扇《侍女图》(20世纪90年代)。

制作: 王星记。

书画作者: 钱小纯。

22. 300mm全棕彩绘黑纸扇《百脸谱》（1995年）。

制作：王星记。

书画作者：施建华。

23. 300mm白纸书法扇。

制作：王星记。

书法作者：白哲士。

24. 300mm老竹骨矾面山水字画。

制作: 王星记。

书画作者: 曾宓。

25. 400mm全棕真金微楷黑纸扇《论语》(2000年)。

制作: 王星记。微楷作者: 杜鹃。

作品获首届中国工艺美术大师作品博览会金奖。

26. 500mm檀香拉烫双面异像扇《西湖全图》（2000年）。

制作：王星记。书画作者：丁国富。

作品获杭州市首届工艺美术精品奖。

27. 500mm乌木细拉花工笔雕边扇《中华之春》（2009年）。

拉花、创意设计：孙亚青。书画作者：刘瑞芬。

作品获第二届中国·浙江省工艺美术精品博览会特等奖、第十届中国工艺美术大师暨国际艺术精品博览会"白花杯"金奖。

28. 330mm乌木反轮白纸扇《江帆过我家》。

制作: 王星记。

书画作者: 潘飞轮。

29. 500mm全棕彩绘黑纸扇《中国戏剧千脸谱》(2012年)。

制作: 王星记。书画作者: 俞备红。

作品获2012年中国(杭州)工艺美术精品博览会金奖。

30. 500mm工笔花鸟冷金面乌木嵌丝扇《笑倚春风》（2013年）。

制作：王星记。书画作者：刘瑞芬。

作品获第三届中国浙江工艺美术精品博览会特等奖。

31. 贴金套扇《岁寒三友》（2013年）。

制作：王星记。书画作者：朱方华。

作品获第三届中国浙江工艺美术精品博览会金奖。

[贰]王星记扇的传承人

1. 创始人王星斋。

王星斋，出身于三代扇业工匠之家，是远近闻名的制扇能手。清光绪元年（1875年）创办了王星记扇庄，以其独特的经营理念及制扇技艺，在杭扇业界脱颖而出，其产品深受广大市民的喜爱。清宣统元年（1909年），王星斋病逝于北京。

2. 王星记扇传承人谱系。

王星记扇的制扇技艺，传承方式以新中国成立前后为界。新中国成立前，以家庭作坊传承为主。

代别	姓名	性别	生（卒）年月	传承方式	居住地
第一代	王星斋 陈 英	男 女	卒于1909年 不详	家属传承	杭州周叶闻弄
第二代	王子清	男	生于1889年	家属传承	杭州
第三代	长子：王雄飞，扇庄经营；次子：陈鹏飞，制扇机械方面研究设计；三子：王梦飞；四子：王麟飞；五子：王壮飞。				
第三代	长女：王黛玉，画扇花鸟类；次女：王玉茹，营业工作；三女：王玉英，营业工作，丈夫陈守文；四女：王玉秋。				

新中国成立后，以师徒传承的模式代代相传，使王星记的制扇技艺得到了传承与发扬光大。

黑纸扇技艺传承谱系

代 别	主要传承人姓名
第一代	王星斋、陈 英
第二代	王子清、傅文生、孙志清、方宝铨、年阿姚、陈浩坤

（续表）

第三代	王雄飞、盛志力、章顺源、余樵松、周桂花、鲍兴泉、楼凤标、俞炳水、谢学俭、金增茂、金增缘、马桂荣
第四代	李芙蓉、陈润根、张水英、沈清珍、平阿娥、金杏珍、陈雨芬、颜秋花、徐爱爱、周彩凤、谭颜芳
第五代	盛文娟、莫水根、夏水有、周幼青、徐慧英、王永明、陆卫国、赵人伟、顾萍娟、田胜菊、除卫英
第六代	章佩佩、范莲珍、王水珍、王宇红、潘春年、刘芸珍、竹海生、金荣华、赵元花、赵文娟、郑顺娣、李　智、郎金华
第七代	王林娟、曹六英、刘昆华、李文英、郑　鸣、顾春英、王文魁、商丽影、凌建华

檀香扇技艺传承谱系

代别	主要传承人姓名
第一代	王子清、王产生
第二代	锯片：王朝全、应苏跃 装工：王朝全、周子良、牛荣福 拉花：余林华 磨工：陈守文、李淑贞
第三代	锯片：陈亚夫、范正彤 装工：林世驹、陈　坚、范玲娣、陈　征、孙劲梅、沈招花 机造型：孟珠珍 拉花：于洵伯、李有生、金美珍、翁向延 模具：商宁明、陈顺耀 冲花：马阿巧 穿带：高梅英、陈根生、方金钗
第四代	锯片：朱志成、裘迪光、钱永平 装工：韦祥珍 机造型：叶水清、郭水英 拉花：宫林亚、郑升土、孙亚青 模具：何国泉 冲花：冯雪芳 磨工：宋佩玲、吴维芷、倪仕玲 穿带：王爱华、娄宝娣、何文菊

（续表）

第五代	板方：边国胜 锯片：汪友平、宋树荣、付永祥、杨爱珍、赵铁瑛、赵伟福、 　　　徐智伟 装工：汪　燕、李　彦、朱文娟、万世峰、计国民 机造型：苏子明、张国平 拉花：袁　霞、陈　茜、周毅华、余　健、周　芸、周慧琴、 　　　王淑芳、周　静、喻　晖、孟艳萍、章小文、茹　琴、 　　　郑　鸣、邵　群、王　怡、张小萍、应鸿鸣、徐　悦、 　　　陈伟黎、何芝妹、徐小妹 模具：潘敏毅、陶　明、潘和林、黄维福 冲花：易旗萍、王令霞、杨艳艳、杨国美 烫花：赵瑞山、汪志刚、朱宝忠 磨工：胡建国、韩明明、章　伟、白征宇、金之伟、沈筱英 穿带：汪　敏、袁　萍、陈建红、邱丽丽、袁小玲
第六代	装工：贾卫民 拉花：汤豫人、张荣芳 磨工：虞春萍、代俊兰

白纸扇技艺传承谱系

代　别	主要传承人姓名
第一代	韩阿华、孙秋生、陈慧珍、包云珍、李阿有、盛香华、柳月珍、柳美珍、韩水珍、李桂香、胡雅芬、沈兰珍、付顺姑
第二代	韩阿忠、邱乃庸、陈根生、戴阿芬、邱幼青、吴银珠、沈　定、朱玲儿、周映霞、张爱珍、李秀凤、高庸象、应根蕊、严瑞瑶、梅银桂、邵水娟、孟芝美、张彩娟、郑秀娥
第三代	喻毓华、陈根娣、王美英、沈秀珍、周　黎
第四代	樊桂林、吴宝林、金雅云、孔文彩、向明珠、陈淡玉
第五代	孙亚青、丁玉兰、钱元璋、沈莲芝、杨招红、徐莲珠、沈　琴、钟慈云、徐月珍、胡德忠
第六代	钟菊英、严　萌、戴宝福、徐惠卿
第七代	顾春英、曹六英、孔丽琴、余爱华、余海丽

绢扇、竹扇、宫团扇技艺传承谱系

代　别	主要传承人姓名
第一代	张如娥、徐炳华、邱幼青、陈小凤、潘月琴、夏阿招、谢金美
第二代	沈兰珍、周映霞、左文英、王荷英、方金钗
第三代	李桂凤、李蔼玲、王庆燕、周幼青、徐惠卿
第四代	钱元璋、钟慈云、李　红、钱　平、姚兆英、钟菊英
第五代	顾春英、曹六英、孔丽琴、余爱华、余海丽
第六代	饶利飞、陈丽华、柴　玲、藤水英、宋　霞、赵美娣、钱素芬

扇面书画技艺传承谱系

书画技艺	主要传承人姓名
杭　画	第一代：李忠海 第二代：陈推斋、袁景才 第三代：徐耐珍、章惠芬、徐家驭、钱嘉珍、李文玉、李桂凤 第四代：黄　晨、陈　雁、丁　于 第五代：陈稚玉、陈铭德
山水花鸟	第一代：徐维良、任祖培 第二代：诸葛瑛、冯雪玲、郑雪云 第三代：陈　怡、张波杭、楼胜鲜、沈子祥、洪志平、刘瑞芬、汪　波、周慈云 第四代：季　伟、王令红、丁国富、姚　琪、张　赤、翁　伟、楼　意、张　荣、潘　文、徐　萌、于　敏、毛永强
仕女人物京剧脸谱	第一代：施耀庆 第二代：钱嘉珍、施建华、陶首亚 第三代：黄大明 第四代：陈　雷、周晓华、邬　宁、蔡　茵、夏齐芳、许水霞 第五代：俞备红

(续表)

书 法	第一代：蒋鹿洲 第二代：朱念慈、俞剑明、白哲士 第三代：金耀华、高 琼、程 霞、华燕泳、金 岗、蒋关泰、 　　　　郑梁军、任忠诚、陈志强 第四代：李 娜、郑 丽、杜 鹃、章志群、李 鼎 第五代：朱方华、王希青

制扇特种技艺传承谱系

特种技艺	主要传承人姓名
竹木雕刻	白仁海、金美珍、白建平、赵瑞山、乐国华
剪 贴	陈金娣、李 英、黄晓敏、李 瑛、徐 玲、章飒英
泥 金	金增茂、徐惠英
水印木刻	杨其德、陈永枢、魏景云
开模具 （檀香）	第一代：商守明、王永明、夏水有、赵人伟 第二代：何国泉 第三代：潘敏毅、周毅华、潘和林、陶 明
钣 金	王锦林
机 修	吴兴祥
金 工	范正彤、王慧珠、傅国培、谭作贞、张佩杭、陆卫国、莫水根
裱 画	俞卫鑫、应 骏、卢 江

3. 代表性传承人物简介。

蒋鹿洲：扇面书法艺人。他从六岁起就跟随父辈学写蝇头小楷的真金黑纸扇面，成为杭城写蝇头小楷的"一支笔"。蒋鹿洲进王星记扇厂时，已是花甲之年。他的扇面行书，临摹明代著名书法家董其昌，使人真伪莫辨。蒋鹿洲先后为王星记带出了五个弟子，包括俞剑明。俞剑明后来担任过厂长，现为浙江省政协常委、政协教科文委主任。

任祖培（1901—1990）：扇面画师，浙江萧山人，号任栋、适园、云峰，清代著名画家任渭长的族孙。他创作的扇画《多种多收》，用笔清新洒脱、淋漓奔放，被选入第一届全国美术作品展，并送日本、澳大利亚展出。扇画《西湖全图》、《观音》、《群仙图》、《水墨荷花》，上市后十分畅销，多次制版加印。任老一生为人正直，淡泊名利，在半个多世纪的绘画生涯中，创作了数以千计的花鸟、人物扇面，畅销国内外，为王星记扇厂的兴旺作出了巨大贡献。

李忠海：杭画开拓者，民国时期以绘画谋生。他与画家刘亦屏是好友，吸取了刘亦屏绘画的长处，悉心研究扇面绘画的独特风格。他主要绘制王星记的檀香绢面扇与戏曲扇，通过扇面绘画形成一种杭州特色而立身扬名。他将画艺传授于陈推斋、袁景才、寿秋生及其儿子李桂基、李万基，使这一流派的扇面画得以传承卜来。

白仁海：扇骨雕刻老艺人。1958年进入王星记扇厂，根据民间传说，创作了《十八罗汉》、《西子姑娘》、《八仙过海》、《嫦娥奔月》等扇面雕刻作品，件件线条清晰，人物形象逼真。他能在一副扇子的大柄与扇骨上雕刻出《兰亭序》、《朱伯庐治家格言》，全文上千字，刀工厚实，字字挺秀，行距疏密有致，通篇无一修改痕迹。白仁海进厂后，为王星记带出了一批雕刻扇骨的艺人。

徐维良：擅长真金工笔扇面画的老艺人。他从小跟随师傅学画工笔扇面画，1958年被邀请回厂时，已经六十多岁。1962年，毛主席《在延安文艺座谈会上的讲话》发表二十周年，徐维良老树开花，创作了不少新的扇面作品送北京展览，受到举办单位及参观者的一致好评。此外，他的檀香扇绢面画，工笔、花鸟、仕女画也深受顾客喜爱。

王产生：檀香扇制作老艺人。他制作的檀香扇有一绝，用手工锯檀香木扇片，不仅薄如纸片，还造型多变。1958年，王产生被邀请回厂带徒时，已经年近七旬。厂内后来制作檀香扇的第一代工人，大多是他倾心培养出来的。

韩阿华：制作高档宣纸扇面艺人。1959年国庆十周年，首都游行用的五百把大型舞蹈扇就是出自韩阿华之手，《人民日报》为此还在头版发表了消息与照片。有一魔术团来王星记扇厂订货，要求制作一批魔术折扇。韩师傅经过反复研制，终于用宣纸制作出了可以变换出三面色彩及图画的魔术折扇，给魔术师的舞台创作增添了一种新的道具扇。

方宝铨：黑纸扇老艺人。19世纪末出生，杭州人。从五六岁始，便师从父亲学习黑纸扇制作，至抗日战争前夕，一直在王星记制作扇子。1958年，王星记扇厂恢复生产，方老被邀请回厂带徒，为传承王星记的黑纸扇手艺培养了很多人才。方老于1967年故世。

朱念慈：中国工艺美术大师。1920年出生，浙江嘉善人。他在三十七岁那年，凭着一手灵动飞扬的蚁头小楷考进了王星记扇厂。他书写的扇面，笔法遒劲，运笔柔润，以意为骨，回腕藏锋，清新豁朗，舒畅恬逸，自成一格。他设计的扇面，尺幅之内，兼工带写，薄施层染，楷、隶、篆、甲骨，无不洋溢着生气与灵性。

朱念慈

朱念慈在楷书天地里铁杵磨针，苦练了四十余年。他设计创作的西湖十景扇和百寿扇，在第一届工艺美术展览会上一炮打响，一位日本律师一下子买了二十五把。他的微楷从扇面每折的双行起步，缩小到三行、四行，最后缩小到六行。其书法艺术讲究体势舒展，起笔、运笔、持笔、收笔交代得清清楚楚。尤其是运笔，既笔笔送到，又能区分出轻、重、疾、涩。1982年，在美国田纳西州诺克斯维尔举小的世界博览会上，朱念慈创作的唐诗万字扇倾倒了肤色各异的外国人。

盛志力：黑纸扇老艺人，王星记第三任厂长，杭州市"非遗"项目王星记扇代表性传承人。1926年出生，杭州人。

盛志力

盛志力十三岁就进入王星记当学徒，熟悉黑纸扇制作的多道工艺技法，练就了一身好技术。

1958年，杭州市人民政府十分重视王星记的传承与发展，在扇庄的基础上成立了杭州王星记扇厂，盛志力等几位老员工成为开厂元老、制扇骨干。盛志力一生致力于制扇技艺的传教，为王星记培养了大批黑纸扇制作新人。同时，他还富有强烈的事业心与责任感，从一名普通的制扇师傅成长为黑纸扇制作组长、车间主任、厂长。盛老在王星记干了整整四十七年，无论身处何种岗位，他都不忘黑纸扇这一传统技艺，坚持黑纸扇工艺的保护工作。现在他人已退休，仍担任着技术顾问，指导王星记制扇技艺的传承与发展。

陈推斋、徐耐贞夫妇：以绘杭画扇面为主。画的内容主要是四季花卉、罂粟、牡丹、菊花、梅花、松鹤等，其特点是色彩艳丽，线条工整而流畅，民族色彩较强。1972年，美国总统尼克松来杭，陈推斋画了数件作品送国宾馆展出。陈推斋的妻子徐耐贞，夫唱妇随，在三十多年的画扇生涯中，绘制了上千幅杭画扇面，畅销国内市场。

朱豹卿：高级工艺美术师、画家。1930年出生，杭州人。毕业于浙江美术学院（今中国美术学院），师从国画大师潘天寿。几

朱豹卿

十年来，他在继承传统，保持中国画特色的基础上，糅入西洋雕塑艺术的一些独特技法。他对书法、篆刻也颇有造诣，其行草"鸟度屏风里，人行明镜中"，清秀而不轻浮，婉约而有力度。他创作的扇面和国画在美国、日本、澳大利亚及我国香港地区多次展出并获奖。

施耀庆：画师，杭州人。1958年进入王星记扇厂，他笔不离手，画山水，画花鸟，设计屏风扇、白纸扇等。为了增加扇面花色，他潜心钻研，将京剧人物、京剧脸谱的重彩绘画运用到黑纸扇面上，一炮打响，从此，王星记黑纸扇重彩绘画技法成为一大特色。1984年，他创作彩绘黑纸扇《梁山一百零八将》，扇子一打开，只见忠义堂上银灯散彩，画烛流光。三十六天罡，七十二地煞，梁山一百零八将，个个栩栩如生。著名画家华君武、黄胄看了都赞不绝口。

此外，施耀庆还在一把九寸黑纸扇上，让八台大戏、二十二个历史人物同时亮相：《战长沙》、《关公战黄忠》、《青梅煮酒论英雄》、《诸葛亮智激孙权》、《三顾茅庐》、《赤壁人战》、《桃园三结义》、《曹操官门搜带》、《张飞战马超》，人物形象生动，画面柔和秀美，底色各不相同，令人拍案叫绝。

施耀庆

曾宓：国家一级美术师，擅长中国画。1935年出生，福建省福州市人。1962年毕业于浙江美术学院（今中国美术学院）中国画系山水科，后进杭州王星记扇厂从事扇面书画创作和

曾宓

檀香扇、铁皮扇、黑纸扇的图案创新设计。1984年调入浙江画院任专业画家至今。现为中国美术家协会会员、浙江画院艺术委员会委员、国家一级美术师，获国务院授予"有突出贡献专家"称号及政府特殊津贴，是当代中国画坛的一位大师。其作品曾参加在前苏联莫斯科举办的社会主义国家造型艺术作品展览，入选第六届全国美术作品展览。1991年，曾宓在北京中国画研究院举办个人画展。曾被邀请到加拿大温哥华的哥伦比亚大学讲学，并举办个人画展。曾宓是一位从王星记走出去的极具艺术个性的画家。代表作有：团扇扇面《数来数去鼠第一》、折扇水墨扇面《农闲图》、《山水》等。

潘飞轮：高级工艺美术师，国画家。1935年出生，浙江宁海人。自幼酷爱绘画，1958年高中毕业，考入浙江美术学院（今中国美术学院）国画系，师从著名国画大师潘天寿。1963年，他从美院毕业进入王星记扇厂，先后创作设计了《南宋皇宫》、《双龙抢珠》、《西湖全图》、《钱江潮》等巨型屏风扇。他设计的大型礼品绢扇《杭州西

湖》，边长1.5米，在中国长城站建站两周年前夕送到冰天雪地的南极，受到长城站中国科学家们的齐声喝彩。潘飞轮的巨扇《西湖全图》，边长2.6米，展开面积达10平方米。其扇骨采用上等木料，两根大边外侧分组雕刻出了"西湖十景"。整个扇面构图严谨，古朴雅致，将闻名中外的杭州西湖美景十分逼真地呈现在观众面前。

潘飞轮

金增茂：女，黑纸扇泥金、剪纸艺术家。1937年出生，浙江绍兴人。1958年进入王星记扇厂，自学绘画，博采众长，将南方剪纸的细腻圆润与北方剪纸的粗犷朴实、简练豪放有机地结合起来，技艺大有长进。她运用一把三寸剪刀，犹如魔术师手中的魔杖，得心应手地创作出《水边人家》、《梅》、《兰》、《竹》、《菊》、《西湖风景》、《乌篷船》等佳作。

王朝全：檀香扇制作艺人。1937年出生，江苏常州人。王朝全在王星记专业从事檀香、香木、象牙与白骨扇制作。他曾多次改进檀香扇的制扇工艺，逐步发展出一整套拉、烫、雕、嵌、印、冲的新工艺，大大提高了檀香扇的实用价值和欣赏价值，深受国内外市场的欢迎。后来，王朝全又试制了三台制作檀香扇的设备，还采用普通香木代替檀香木，不仅提高了工作效率，还为王星记增添了杭扇新品种。

由此，他先后获得浙江省"四新"产品奖和印花新工艺二等奖。

李湘梅

李湘梅：女，高级工艺美术师，中国美术家协会浙江分会会员。1938年出生，山东临沂人。1962年毕业于浙江美术学院（今中国美术学院），一直从事书画艺术创作设计，设计创作了檀香扇、铁皮扇、屏风扇等。她设计的檀香扇《西厢记》、《鼎》被香港各报誉为"精细绝伦"之作和"本港不可多见之作"。

孙秋生：白纸扇制作艺人。浙江绍兴人。1958年进厂，师从韩阿华，技术全面，在打样、切纸、折面模型、齐头等工序中技高一筹。孙秋生为发展白纸扇制作技艺，曾带徒十五人，为王星记白纸扇的传承与发展作出了卓越贡献。

盛香华：女，白纸扇制作艺人。浙江绍兴人。擅长白纸扇、舞蹈扇的糊面、折面、串面等制扇过程，是王星记制扇的领军人物，技艺高超，带出的十多位徒弟，后来均成为王星记制扇的中坚力量，其中孙亚青现已成为王星记的新一代掌门人。

杨其德、陈永枢：版画艺术家。1964年，为了适应杭扇技艺发展的需要，王星记扇厂决定开发水印木刻扇面，杨其德、陈永枢二人从浙江美术学院调入。杨其德负责水印木版雕刻，陈永枢负责木版水印，经过将近一年的探索与准备，创作成功水印木刻扇面。首批水印木刻折扇一经问世，在商场、门市部被抢购一空。

钱嘉珍：女，工艺美术师。1941年出生，杭州人。擅长工笔仕女画，在王星记专业从事扇面绘画和设计工作，主要作品有黑纸彩画《十二金钗》、《红楼梦》套扇，真金彩画《莲花观音》、《吹箫引凤》、《嫦娥奔月》、《天女散花》，真金线描《蔡文姬》、《麻姑献寿》等。其中彩绘套扇《红楼梦》和檀香拉花彩色仕女画《四钗钓鱼》获得了市级创作设计奖。

钱嘉珍

诸葛瑛：女，工艺美术师。1941年出生，杭州人。1958年进王星记扇厂，师从著名山水花鸟画师徐维良，又得著名画家陆抑非、王伯敏点拨，画艺大进，尤擅真金工笔画与999金箔研泥金粉制作工艺。带徒多人，承上启下，为王星记的黑纸扇发展作出了卓越贡献。其特色扇子产品，有泥金山水、真金西湖单

诸葛瑛

景、金花卉等。代表作真金彩绘《西湖全图》，获1985年度杭州市工艺美术设计奖。此外，她还设计了浙江农业大学校园全图（扇面）及许多扇面商品广告，深受市场欢迎。

　　李有生：檀香扇制作艺人。杭州人。1960年进王星记扇厂，从事檀香扇、象牙扇的拉花工序。他多次创作檀香、象牙拉花的优秀作品，艺术欣赏价值、实用价值、收藏价值均达到一定高度。李有生技艺精湛，创造了檀香、象牙扇拉花的多种工艺流程，如花卉、人物、动物、风景等。产品形象逼真，深受国内外市场的欢迎。他的主要代表作品有：象牙细拉《孔雀》，檀香细拉《福寿》、《松鹤》、《红楼梦》。

　　郑雪云：女，工艺美术师。1942年出生，浙江金华人。1962年浙江美术学院（今中国美术学院）附中毕业后分配到王星记扇厂，从事扇面绘画和设计工作，先后设计扇面花色新样一百多幅，产品涉及黑纸扇，白纸扇，屏风扇，装饰挂扇，檀香扇绢画、烫画，香木扇印花，乌竹彩印、喷画，绢团

郑雪云

扇，轻便扇（印刷），剪贴画等。1980年，她率先将真金绘画技法应用于黑纸扇扇面，首创真金彩绘山水，很受国际友人欢迎。其代表作《海天佛国——南海普陀山胜景》、《隋朝古刹——天台国清寺》获1982年度浙江省优秀旅游工艺品二等奖，黑纸扇《杭产一绝——王星记扇子》美术作品获1989年度杭州科普美展一等奖和全国科普美展三等奖。

　　毛维东：女，1947年6月出身于书香门第，江苏苏州人。王星记扇厂原副厂长。她从事工艺美术五十多年，扇面设计涉及檀香扇、白纸扇、彩乌竹绢扇、白骨绢扇、黑纸扇、宫团扇、轻便扇等九类产品，有一百多款设计稿投入扇子生产。1982年设计的《樱花蜜蜂》、《太平鸟》、《月季》、《天竹小鸟》等轻便扇画稿，被浙江省外贸出口公司选中，获得了产品、经济双重效益。她设计的全棕黑纸扇真金彩绘《百鸟朝凤》、《白鹤图》、《老虎》、《花卉》，宫扇《耶稣像》、《松鹤》等作品，参加省、市、香港及美国展览会获得好评，并被各地收藏。

毛维东

　　钱小纯：女，高级工艺美术师。原籍杭州，1947年生于浙江玉环。长期从事王星记的扇面书画创作。其中国画创新探索，师从金冬心、陈老莲、徐生翁等先辈大师，心仪秦汉艺术的原始、厚朴、粗犷的神韵，又能兼容西方现代艺术精华，创造出画格超逸、风格奇特的鲜明画风。近年来，钱小纯多次在

钱小纯

国内外举办个人作品展或联合作品展。其作品已为英国大英博物馆及我国香港艺术中心等重要艺术机构收藏。

俞剑明：1949年生，杭州人。中国作家协会会员、西泠印社社员、浙江省书法家协会会员、浙江省杂文学会名誉会长。1969年自杭州工艺美术学校毕业后进入王星记扇厂，曾师从著名书法老艺人蒋鹿洲先生。1984年任王星记扇厂厂长，历任杭州市二轻工业总公司总经理、杭州市副市长、浙江省旅游局局长、浙江省新闻出版局局长等职。现任浙江省政协常委兼政协教科文委主任。

俞剑明

孙亚青：女，檀香扇制作艺人，工艺美术师，浙江省工艺美术大师，浙江省"非遗"项目王星记扇代表性传承人，王星记新一代掌门人。1959年出生，杭州人。1976年进入王星记扇厂，师从盛志力、盛香华等老艺人学习制扇技艺。她熟悉各扇种的制作工艺，如白纸扇的

孙亚青

折扇、穿扇，绢扇的矾绸、糊面等。她擅长檀香扇拉花技艺，还精通扇面、扇骨造型设计，扇面书画创作，雕刻镶嵌技艺等。其代表作品有：250mm细拉、烫檀香扇《松鼠》，《炉鼎》，《松鹤》；360mm细拉、烫檀香扇《福寿图》；250mm拉、烫檀香扇《牡丹》；250mm全面细拉象牙扇《花卉》、《竹》；250mm细拉彩绘檀香扇《红楼梦》、《西厢记》、《体操》等。

　　从1990年起，孙亚青先后担任檀香扇车间主任、副厂长、厂长。2000年，国企改革又把她推上了王星记扇业有限公司董事长、总经理的职位。她致力于杭扇技艺的保护，积极培养制扇人才；恢复传统杭扇的生产工艺线，研发扇骨雕刻与镶嵌技艺；特别是在指导新一代艺人的扇面书画创作，如题材选择、布局构思、技法运用等方面，倾注了满腔心血。

　　近十年来，王星记扇屡屡斩获国家级金奖、银奖，王星记制扇技艺亦被正式列入国家级非物质文化遗产名录，"王星记"商标被评为中国驰名商标，她为弘扬王星记的杭扇制作技艺作出了巨大贡献。

　　潘春年：黑纸扇制作艺人。1955年出生，杭州人。杭州市"非遗"项目王星记扇代表性传承人。潘春年出身于黑纸扇制扇世家，从小就跟从父亲学习制扇技艺。1972年进入王星记的黑纸扇车间，做过多个工种，熟悉各个工序，并熟悉整套工艺流程。他热心做好传、帮、带，先后为王星记培养了八位徒弟。进入20世纪90年代，他甘于寂寞，坚守制扇园地。目前，他是厂里黑纸扇制作的主要传承人之一，为了整理、保护传统工艺项目，潘春年或口述或撰文，认真记录黑纸扇工艺流程和技艺、技法、操作工具等，为传承

潘春年

和恢复黑纸扇制作技艺而努力。

金岗：扇面微楷书法艺人，浙江省工艺美术大师。1958年出生，杭州人。1979年，他凭借一手漂亮的楷体书法考进王星记扇厂，成为朱念慈的徒弟，专习扇面小楷和微楷。1984年，为庆祝国庆三十五周年，金岗把《大学》、《中庸》、《论语》、《孟子》的五万七千四百三十字写在了一把黑纸扇上，荣获1985年中国工艺美术品"百花奖"金杯奖。

金岗

1990年，他在大不足盈尺的黑纸扇面上，收录了自先秦至现代十五位杰出政治家、军事家、理论家的军事专著，共十七卷九十八篇八万字。这是第一把用文字来表现军事题材的纯金书法扇，行距疏密有致，字形清丽秀逸，被人誉为"鬼斧神工"之作。

杜鹃：女，高级工艺美术师，浙江省工艺美术大师，杭州市"非遗"项目王星记扇代表性传承人。1962年出生，杭州人。七岁开始学

杜鹃

习书法，曾受到诸乐三、郭仲选等书画名家的指点。1979年进入王星记扇厂，拜朱念慈为师，历经三十年勤学苦练，她不仅精四体、善微楷，还首创了黑纸扇真金微楷、真金篆书与绘画相结合的艺术形式，使扇面整体更为美观，微楷更显精致。其作品全棕真金微楷《论语》获首届中国工艺美术大师作品暨工艺美术精品博览会"百花杯"金奖，全棕真金微楷《钱塘诗画》获第五届中国工艺美术大师作品暨工艺美术精品博览会"百花杯"银奖。

刘瑞芬：女，高级工艺美术师，杭州市工艺美术大师。1960年出生于杭州，毕业于杭州大学。1979年，进杭州王星记书画组，至今已三十二年。擅长工笔花鸟，尤其是翎毛类，刻画细腻、形象

刘瑞芬

逼真。近年来，她致力于扇面工笔花鸟画的创新与研究，掌握了各类材质的扇面创作，代表作《百鸟朝凤》被编入《中国工艺美术大师精品》画册。

王星记扇的濒危状况与保护措施

王星记扇负国家非物质文化遗产保护的重任，更肩负了振兴传统工艺美术事业的历史责任。为此，王星记搜集、整理了较为完整的传统制扇工艺流程，坚持手工技艺特色，恢复传统工艺生产，挖掘中国扇文化精华，做好非物质文化遗产的保护工作。

王星记扇濒危状况与保护措施

[壹]王星记扇的濒危状况

随着社会的进步、科技的发展，人们的物质生活水平不断提高，电扇、空调走进千家万户，扇子用于纳凉驱暑的日用功能已削弱。而受到电影、电视、动漫、多媒体、电脑、手机等多元文化的冲击，使千百年传承下来的中国扇艺文化淡出了人们的视线，王星记扇面临着实用价值与文化价值的严峻挑战。

在这样的社会环境下，用于制扇的檀香木、紫檀、乌木、湘妃竹、野生棕竹、纯桑皮纸、柿漆等生产资源也越来越少，原材料采集日趋困难，王星记面临着"巧妇难为无米之炊"的窘况。

进入20世纪80年代后，由于受市场经济浪潮的冲击，导致从事劳动密集型传统手工业的人员纷纷跳槽。王星记制扇技艺难度大，习艺周期长，扇艺价值与市场价值无法平衡，偏低的劳务报酬，难以留住制扇艺人，难以招聘有志于扇艺的新生代艺人。王星记扇业在20世纪70年代鼎盛时期，从业人员达四百二十九人，到了21世纪，只留下七十二人。随着老艺人的年长和病逝，制扇技艺的失传状况日益严重。特别是制作黑纸扇的人才缺乏，工艺流程面临失传状态，王星记扇艺濒危状况严重。

与此同时，我国市场经济发展迅猛，但是许多规范市场经济的法律法规还不够健全，致使各种劣质扇子以低价销售，充斥市场；更有不法商人打着"王星记"的幌子，鱼目混珠，以假乱真，给百年老字号的王星记品牌带来了极大伤害，王星记扇艺的发展面临着各种考验。

[贰]王星记扇的保护措施

面对扇子产业所面临的濒危状况，王星记与时俱进，积极采取了以"非遗"生产性保护为主的几项措施：

1. 扩大生产和展示基地。

近十年来，王星记厂房因城市建设而多次搬迁，严重影响了"非遗"生产性保护与传承。2010年9月，王星记厂房新建项目终于落实，扩建生产厂房1800平方米，使生产基地建筑面积达到8000多平方米；建立王星记

王星记扇传承人孙亚青女士在指导书画技艺人员

孙亚青在辅导徒弟汤豫人

扇子博物馆1500平方米，为扩大开展生产性保护传承活动奠定扎实基础。2009年王星记生产基地被认定为"浙江省非物质文化遗产中华老字号保护传承基地单位"。2012年被联合国教科文组织授予"工艺与民间艺术之都"传承基地。

2. 传承以人为本。

热心培养技艺人才，不断吸纳新人，做好制扇技艺的传、帮、带。同时，实施激励措施和奖励政策，激发职工学艺和创作的积极性。近年来，先后培养了一批浙江省工艺美术大师、杭州工艺美术大师、高级工艺美术师、中级工艺美术师，他们大多技艺高超，经常代表中国民间工艺赴俄罗斯、西班牙、日本等国家及我国台湾、澳门

2011年4月，"世界文化创意产业之父"霍金斯先生在公司董事长孙亚青女士的陪同下参观王星记制扇车间

上海世博会上，公司董事长孙亚青女士与客户洽谈业务

地区参加展示、表演和文化交流活动。王星记为求发展，把培养人才放在了第一位。可以说，培养人才，意义非凡。

3. 保护技艺为先。

王星记肩负国家非物质文化遗产保护的重任，更肩负了振兴传统工艺美术事业的历史责任。为此，王星记搜集、整理了较为完整的传统制扇工艺流程，坚持手工技艺特色，恢复传统工艺生产，挖掘中国扇文化精华。在制扇技艺的保护传承中，重点对一些将面临失传的技艺进行传授，如檀香扇拉花、烫花技艺，黑纸扇制骨九法、扇面微楷技法、传统戏曲人物重彩绘画技法等，目前有了一批传统技艺后继人才，有的还获得杭州市百名职工"绝技绝活"奖。如黑纸扇、檀香扇的生产，以技艺传承为基础，做好保护工作。王星记公司现有浙江省非物质文化遗产项目代表性传承人一名、杭州市非物质文化遗产项目代表性传承人三名。

4. 坚守与创新同步。

制扇技艺是"非遗"资源，为实施做精做强的发展思路，王星记采取了坚守与创新同步。坚守，是传承与保护老字号的工艺、品牌、文化和诚信；创新，是在技术、管理体制与营销理念上与现代企业管理接轨，借鉴世界高端产业的先进理念，为发展传统工艺服务。一是拓展产品线，传统扇子产品已发展到十九大类一万多个花色品种。并利用制扇秘籍和大师的技术力量，认真做好传统扇文化的挖掘，大力开发精品力作，其文化内涵和技艺价值是独一无二的，产品屡获国家级及省、市级"非遗"精品展、工艺美术精品评比大赛和旅游纪念品设计大赛金、银奖。二是积极进行产品创新和延伸产品开发。每年新产品占销售总量的30%，专利产品十余件。三是强化"中华老字号"的传播意识，开展扇文化促销活动，传播王星记扇子。功夫不负有心人，2008年，王星记扇子成为北京奥运会回馈外国元首的国家级礼品；2010年，王星记扇子又入选上海世博会的文化商品，成为这一盛会唯一的礼品扇。2012年，"王星记"商标被认定为"中国驰名商标"。

5. 积极开展传播活动。

王星记借新厂房搬迁之际，在厂房园区内建立制扇技艺传承展示场所，花大力兴办扇博物馆以及多种功能设施的匹配，设有接待厅、多媒体厅、制扇工场、大师工作室、扇博物馆、DIY活动室、购物商场等。特别是扇博物馆，由扇史厅、扇艺厅、精品厅和墨韵厅组成，充分展示了王星记扇的历史和发展脉络以及"扇子王国"的精彩。

王星记扇博物馆

　　王星记通过历史文化资源整合和软硬件的同步建设，力争打造一个"非遗"文化传习展示基地。场所内四大板块有机结合：参观扇博物馆、观摩制扇工艺表演、参与体验互动、购扇雅赏交流，形成了展示静态与演示活态的联动、大师授课与亲自参与互动的格局，赢得参与者的一致好评。自2010年12月正式对外免费开放以来，受众群体从学校的学生到社区的老人，从大企业的白领到机关的公务员，从市民游客到国外来宾，"非遗"文化得到了进一步的宣传推广。2011年、2012年均被评为杭州市社会资源国际旅游优秀访问点。

6. 开拓文化创意产业。

　　2010年12月8日，王星记创建了全国首个中华老字号文化创意产

2010年王星记中华老字号文化创意产业园开园（长板巷118号）

业园,作为推动传统制扇技艺的保护与发展的一种新思路,将传统生产企业升级为集设计研发、生产商贸、工艺演绎、文化交流于一体的文化服务业,开创了"非遗"资源带动文化创意产业发展的新路子。一是与高校合作,成立产品研发中心,走产学研发展道路;二是传统手工生产接轨工业旅游,坚持独特、创新、示范的发展思路,做到在王星记能听到"最有趣"的中国扇故事,能看到"最精湛"的制扇工艺,能感受到"最专业"的中国扇文化,吸引国内外各类团队来王星记参观互动。举办中国扇艺文化节,提出"扇艺中国,礼善世界"的品牌营销理念,开展展示展销,促进产品销售,使王星记"天下第一扇"名副其实。

王星记以创新与创意,求传承、求保护、求发展,任重而道远。

王星记的第二个百年基业,正如火如荼,谱写新的历史篇章。

后 记

　　2010年12月8日，我走进长板巷118号，应邀参加王星记中华老字号文化创意产业园开园仪式。当时，我与茅临生、毛昭晰、翁卫军、沈坚、傅力群等同志对王星记的情感略有不同。因为我自1969年进入王星记扇厂，师从著名书法老艺人蒋鹿洲先生，还在1984年担任过一届厂长，也曾为王星记的传承与发展辛勤工作过，高声呐喊过。我为王星记终于拥有了施展宏图的新厂区感到由衷的高兴。这种高兴，是源自一种别样的亲情与真情。

　　昨日，王星记新一代掌门人孙亚青捧来一叠书稿，请我提一提修改意见，让我又一次梦回王星记。

　　中国历来被称颂为"制扇王国"，王星记自1875年问世以来，传承了杭扇制作技艺，历经一百三十六年的风风雨雨，却能坚守传统工艺，不断开拓创新，王星记扇被列入国家级非物质文化遗产名录，这是有着它特定的历史机缘的。

我曾看到由谭延闿、谭泽闿所书的王星记招牌字，那是祖师爷王星斋留下的人脉与人缘。

谭延闿、谭泽闿两兄弟，也许当代年轻人并不知道他们是谁。谭延闿是清光绪三十年（1904年）恩科二甲进士，授翰林院编修，擅长书法，三次出任湖南督军，享有"翰林将军"之誉，为"民国颜体第一人"、"民国四大书法家"之首。他曾跟随孙中山加入国民党，历任国民党中央政治委员会主席、国民政府主席、第一任行政院院长。谭泽闿是谭延闿的弟弟，擅书法，工行楷，师法翁同龢、何绍基、钱沣，上溯颜真卿，气格雄伟壮健，力度刚强，擅长榜书。南京国民

政府牌匾为其所书，上海、香港两家《文汇报》的报头也是他的墨宝，沿用至今。

也许，现在的人无法相信，小小王星记扇庄的老板，竟然与那些民国时期的政坛与艺坛的风云人物走得那么近，结缘那么深。管中窥豹，可见王星记的艺术魅力所在，可见中国扇文化的历史渊源所在！

由此，我又回想到新中国成立以来，周恩来、陈云、胡耀邦、薄一波、陆定一、肖华、田汉、江华、王芳、谷牧、铁瑛、王平夷、周峰等老一辈党和国家、省市领导人，都曾先后为王星记发展作出重要批示，或题字勉励，或亲临指导。当时，许多全国人大代表、政协委员、文艺界代表，几乎每年都要来王星记扇厂视察工作。我对王星记新一代领导班子，能够把寄托着我们太多民族情感的"中华老字号"王星记传承、发展为中国传统工艺美术行业中品质领先、销售领先、文化领先的龙头企业，成为最具影响力、最具活力的"中华老字号"标志性企业，创造出十九大类、四百多个品种、五千多个花色、年销售量一千七百万元的历史性记录，而欢欣鼓舞。

也许我师出王星记，为政之余，或读书，或著文，或挥毫，专意于书法艺术，故而对已经被人遗忘的谭延闿、谭泽闿两兄弟，有感而发，权作此书后记。以此告知读者，小小一把王星记扇子，因为承载着厚重的中国扇文化史，大有天下文章可做！

俞剑明

2011年9月10日

责任编辑：唐念慈
装帧设计：任惠安
责任校对：王　莉
责任印制：朱圣学

装帧顾问：张　望

图书在版编目（ＣＩＰ）数据

王星记扇制作技艺 / 朱显雄编著. —杭州：浙江
摄影出版社，2014.1（2023.1重印）
（浙江省非物质文化遗产代表作丛书 / 金兴盛主编）
ISBN 978－7－5514－0500－3

Ⅰ.①王… Ⅱ.①朱… Ⅲ.①扇—制造—介绍—杭州
市 Ⅳ.①TS959.5

中国版本图书馆CIP数据核字（2013）第280552号

王星记扇制作技艺

朱显雄　编著
_____

全国百佳图书出版单位
浙江摄影出版社出版发行
　　　地址：杭州市体育场路347号
　　　邮编：310006
　　　网址：www.photo.zjcb.com
经销：全国新华书店
制版：浙江新华图文制作有限公司
印刷：廊坊市印艺阁数字科技有限公司
开本：960mm×1270mm　　1/32
印张：6
2014年1月第1版　　2023年1月第2次印刷
ISBN 978－7－5514－0500－3
定价：48.00元